Neues verkehrswissenschaftliches Journal

Ausgabe 13

Umfassende Einführung der Mittelpufferkupplung

Perspektiven für Eisenbahninfrastrukturunternehmen

im Auftrag der DB Netz AG

Prof. Dr.-Ing. Ullrich Martin

Dipl. Vw. techn. Carlo v. Molo

Dipl.-Ing. Kewen Ji

Dipl.-Ing. Matthias Körner

Dipl.-Inf. Igor Podolskiy

Institut für Eisenbahn- und Verkehrswesen der Universität Stuttgart

Juni 2015

© Verkehrswissenschaftliches Institut an der Universität Stuttgart e.V.,
Ullrich Martin, Carlo v. Molo, Kewen Ji, Matthias Körner, Igor Podolskiy

Titelbild: Carlo v. Molo

Herstellung und Verlag: BoD-Books on Demand, Norderstedt

Printed in Germany

ISBN 978-3-7347-6681-7

Vorwort

Sowohl im Güter- als auch im Personenverkehr ist in der Zukunft mit einem deutlichen Verkehrsanstieg zu rechnen, der nicht allein durch extensiven Infrastrukturausbau der Eisenbahn kompensiert werden kann. Neben betrieblichen Maßnahmen eröffnet sich im Rahmen der technischen Ausstattung der Fahrzeuge ein weites Feld zur Erschließung von Innovationspotentialen im Hinblick auf eine Effizienzsteigerung.

In einem gemeinsamen Projekt haben die DB Netz AG, Technik- und Anlagenmanagement ETCS, und das Institut für Eisenbahn- und Verkehrswesen der Universität Stuttgart eine umfassende Einführung einer automatischen Mittelpufferkupplung für hohe Anhängelasten mit pneumatischer und elektrischer Leitungsverbindung sowie Erkennung des Kuppelzustandes aus der Perspektive von Eisenbahninfrastrukturunternehmen unter Berücksichtigung der Belange der Eisenbahnverkehrsunternehmen untersucht.

Dabei wurden die Auswirkungen auf die Leit- und Sicherungstechnik unter Beachtung der betriebs- und volkswirtschaftlichen Nutzen, der Migration sowie der Interoperabilität analysiert und funktionale Anforderungen an diese neue, MPK+ genannte, automatische Mittelpufferkupplung erarbeitet, Nutzwerte aus der Perspektive der Leit- und Sicherungstechnik geprüft und nach Integration eines Mengengerüstes eine Nutzen-Kosten-Abschätzung erstellt sowie grundsätzliche Migrationsszenarien abgeleitet.

Die hier vorgestellte Mittelpufferkupplung MPK+ ist eine Lösung, um auch den europäischen Schienengüterverkehr für das kommende Zugsicherungssystem ETCS-Level 3 vorzubereiten. Darüber hinaus eröffnet die MPK+ die Möglichkeit, deutlich schwerere und auch längere Züge zu fahren sowie im Güterverkehr Zugbildungsprozesse deutlich zu beschleunigen, körperlich schwere Arbeiten im Rangierdienst zu reduzieren und ein effizientes Flügelzugkonzept „Train-Coupling and -Sharing" einzuführen. Eine wesentliche Innovation besteht darin, dass durch das Konzept einer zentralen Datenverbindung im gesamten Zug, die ohne autarke Energieversorgung der Güterwagen auskommt, eine Vielzahl von unterschiedlichen Zusatzfunktionen genutzt werden kann, die im Kontext einer Digitalisierung der Prozessabläufe dem Leitbild „Mobilität 4.0" eine ganz neue Grundlage bieten. Nicht zuletzt durch diese erweiterten neuen Möglichkeiten wird die kostenintensive Einführung der MPK+ in

Verbindung mit einer signifikanten Effizienzsteigerung der Betriebsprozesse auch für Eisenbahnverkehrsunternehmen attraktiv.

Stuttgart, im Juni 2015

Ullrich Martin

Inhaltsverzeichnis

Vorwort 5

Inhaltsverzeichnis 7

Abbildungsverzeichnis 11

Tabellenverzeichnis 14

Abkürzungen 16

Kurzfassung 19

Abstract 20

1   Einleitung 21

   1.1 Einführung 21
   1.2 Aufbau des Berichtes 23

2   Aktueller Stand der Entwicklung 25

   2.1 Mittelpufferkupplungssysteme 25
      2.1.1 Kupplungssysteme bei der Eisenbahn 25
      2.1.2 Begriffe und Abgrenzungen 25
      2.1.3 MPK-Systeme, Anwendungsbeispiele und Migrationserfahrungen 28
      2.1.4 Fazit Kupplungssysteme 36
   2.2 Technologien zur Datenübertragung im Zugverband 37
      2.2.1 Datenübertragungsmedien 38
      2.2.2 Bestehende Systeme und Forschungsansätze 43
      2.2.3 Feldbusse und Netzwerke in weiteren Einsatzfeldern ... 49
   2.3 Wirtschaftliche Bewertung von Mittelpufferkupplungssystemen ... 49
      2.3.1 Ausgangssituation und Zielsetzung 49
      2.3.2 Bewertungsverfahren 50
      2.3.3 Bisherige Bewertungen von MPK-Systemen 51
   2.4 Zusammenfassung des Entwicklungsstandes 54

3   Anforderungen an eine Mittelpufferkupplung 56

   3.1 Grundlegende Annahmen 56
   3.2 Kupplungsaufbau 56
      3.2.1 Mechanischer Aufbau 56
      3.2.2 Leitungskupplungen 58
      3.2.3 Energieversorgung 59
      3.2.4 Serviceschnittstelle 61

3.3 Kommunikation im Zugverband 61

    3.3.1 Netzwerkaufbau 61

    3.3.2 Kommunikationstechnologie 62

    3.3.3 Adressierung 65

3.4 Sicherheit 66

    3.4.1 Funktionale und technische Sicherheit (Safety) 66

    3.4.2 Informationssicherheit (Security) 67

3.5 Zuverlässigkeit, Verfügbarkeit und Instandhaltbarkeit 69

3.6 Anwendungsfälle 70

    3.6.1 Zugtaufe 70

    3.6.2 Zuginterne Zugintegritätsprüfung (Mindestspezifikation) 76

    3.6.3 Brems- und Lösevorgang der ep-Bremse 78

    3.6.4 Automatische Bremsprobe 79

    3.6.5 Fahrwerküberwachung 83

4 Grundlagen für einen Sicherheitsnachweis 86

4.1 Risikobewertungsverfahren nach CSM-RA 86

4.2 Ermittlung der sicherheitsrelevanten Funktionen 86

4.3 Überprüfung auf signifikante Änderung 90

4.4 Systemdefinition 93

    4.4.1 Vorgehen 93

    4.4.2 Überblick Gesamtsystem 94

    4.4.3 Automatisches Bereitstellen der Fahrzeuglänge 98

    4.4.4 Zuginterne Zugintegritätsüberwachung 99

    4.4.5 Ersetzen der Gleisfreimeldeanlage 102

4.5 Vereinfachte Risikoanalyse 104

    4.5.1 Vorgehen 104

    4.5.2 Gefährdungsidentifikation 106

    4.5.3 Gefährdungseinstufung 110

    4.5.4 Explizite Risikoabschätzung gemäß SIRF 117

    4.5.5 Vergleich mit Referenzsystem 122

4.6 Berücksichtigung von Mischbetrieb 128

4.7 Zwischenfazit Grundlagen für Sicherheitsnachweis 129

5 Nutzwertanalyse 132

5.1 Nutzwerte der MPK+ 132

5.2 Nutzwertanalyse 132

    5.2.1 Einordnung der Nutzwertanalyse in die Methodenlandschaft 132

5.2.2 Aufbau der Nutzwertanalyse 134
5.2.3 Betrachtete Varianten in der Nutzwertanalyse 135
5.3 Nutzwerte aus verschiedenen Perspektiven 136
 5.3.1 Kriterien aus Perspektive der EIU 136
 5.3.2 Kriterien aus Perspektive der EVU 140
5.4 Berechnung und Ergebnis der Nutzwertanalyse 144

6 Kosten-Nutzen-Analyse 150

6.1 Überblick über das Verfahren 150
 6.1.1 Einführung in das Verfahren 150
 6.1.2 Vor- und Nachteile des Verfahrens 151
 6.1.3 Begründung des Verfahrens 151
 6.1.4 Methodik: Mit-/Ohnefall-Prinzip 152
6.2 Verfahrensablauf der Kosten-Nutzen-Analyse 153
 6.2.1 Ablaufschema 153
 6.2.2 Ermittlung der Teilindikatoren 154
6.3 Migrationsszenarien 158
6.4 Integration eines Mengengerüstes 161
 6.4.1 Investitionen Kupplungen 161
 6.4.2 Investitionen Infrastruktur 164
 6.4.3 Erhöhung der Transportleistungsfähigkeit im Güterverkehr 165
 6.4.4 Personalkosten 168
 6.4.5 Unfallschäden 169
 6.4.6 Abgasemissionen und Energieverbrauch 169
6.5 Ergebnisse der Kosten-Nutzen-Analyse 170
6.6 Zusatznutzen 171
 6.6.1 Nicht in der Bewertung erfasste Nutzwerte 171
 6.6.2 Entgleisungsdetektion 171
 6.6.3 Intelligente Fahrwerksüberwachung 171
 6.6.4 Schallemissionen 172
 6.6.5 Ladungsverfolgung 172
 6.6.6 Geringerer Verschleiß bei Radsätzen und Schienen 172
 6.6.7 Zusatznutzen Fazit 173
6.7 Sensitivitätsbetrachtung 173
 6.7.1 Transportleistungserhöhung 173
 6.7.2 Personalkosten 174
 6.7.3 Investitions- und Umrüstungskosten der MPK+ 175

6.7.4	Infrastrukturkosten	176
6.7.5	Fazit Sensitivitätsbetrachtung	177
7	**Zusammenfassung und Fazit**	**179**
8	**Literaturverzeichnis**	**181**

Anhang A – Abbildungen **192**

Anhang B – Arbeitsblatt TeSiP (Vorschlag) **194**

Anhang C – Arbeitsblatt Systemgefährdungen (Vorschlag) **196**

Anhang D – Berechnungen **198**

Anhang E – MPK+ Kurzbeschreibung **201**

Anhang F – Formblätter **204**

Abbildungsverzeichnis

Abbildung 1: Kraftübertragung einer UIC-Schraubenkupplung 27

Abbildung 2: Janney-Kupplung 28

Abbildung 3: Scharfenbergkupplung eines VT612 30

Abbildung 4: Kupplung Typ SA-3 32

Abbildung 5: Kupplung Typ AK69 33

Abbildung 6: Kupplung Typ C-AKv 36

Abbildung 7: Grundlegende Architektur des Train Communication Network 44

Abbildung 8: Grundlegender Aufbau des ECP-Busses 47

Abbildung 9: Funkdatenübertragung zwischen Fahrzeugen über Nahfunkstrecken 48

Abbildung 10: Funkdatenübertragung mit einem hybriden Netzwerk 48

Abbildung 11: Systemüberblick Mindestspezifikation 62

Abbildung 12: Anwendungsfall „Automatische Zugtaufe (Mindestspezifikation)" 72

Abbildung 13: Ablauf des Anwendungsfalls „Zugintegritätsprüfung" 77

Abbildung 14: Ablauf des Anwendungsfalls „Bremsvorgang der ep-Bremse" 79

Abbildung 15: Ablaufs des Anwendungsfalls „Lösevorgang der ep-Bremse" 80

Abbildung 16: Ablauf des Anwendungsfalls „Automatische Bremsprobe Variante 1" 81

Abbildung 17: Ablauf des Anwendungsfalls „Automatische Bremsprobe Variante 2" 82

Abbildung 18: Systembestandteile mit Einzelfunktionen und Schnittstellen (Teil 1) 96

Abbildung 19: Systembestandteile mit Einzelfunktionen und Schnittstellen (Teil 2) 97

Abbildung 20: Überblick zu den ermittelten Gefährdungen und deren Folgen ... 106

Abbildung 21: Risc Score Matrix zur Funktion Ersetzen der Gleisfreimeldeanlage 116

Abbildung 22: Gefährdungsbaum Automatisches Bereitstellen der Fahrzeuglänge 118

Abbildung 23: Gefährdungsbaum Zuginterne Zugintegritätsüberwachung 120

Abbildung 24: Risikobewertungsverfahren nach CSM-RA, vereinfacht 131

Abbildung 25: Klassifikation von Bewertungsverfahren 133

Abbildung 26: Ablaufschema der Nutzwertanalyse 134

Abbildung 27: Funktionsprinzip von ETCS-Level 3 140

Abbildung 28: Ablaufschema der Kosten-Nutzen-Analyse 154

Abbildung 29: Ohnefall und Mitfälle 159

Abbildung 30: Entwicklung relevanter Kupplungssysteme und Sicherungstechnik 192

Abbildung 31: Legende zu relevanten Kupplungssysteme und Sicherungstechnik 193

Abbildung 32: Arbeitsblatt TeSiP Teil 1 (Vorschlag) 194

Abbildung 33: Arbeitsblatt TeSiP Teil 2 (Vorschlag) 196

Abbildung 34: Arbeitsblatt Systemgefährdungen Teil 1 (Vorschlag) 196

Abbildung 35: Arbeitsblatt Systemgefährdungen Teil 2 (Vorschlag) 197

Abbildung 36: Deckblatt der Standardisierten Bewertung 204

Abbildung 37: Formblatt 1 205

Abbildung 38: Formblatt 2 206

Abbildung 39: Formblatt 2.2, Seite 1 207

Abbildung 40: Formblatt 2.2, Seite 2 208

Abbildung 41: Formblatt 2.4 209

Abbildung 42: Formblatt 2.5 210

Abbildung 43: Formblatt 5.3 211

Abbildung 44: Formblatt 12m, Seite 1 212

Abbildung 45: Formblatt 12m, Seite 2 213

Abbildung 46: Formblatt 12o, Seite 1 214

Abbildung 47: Formblatt 12o, Seite 2 215

Abbildung 48: Formblatt 13m, Seite 1 216

Abbildung 49: Formblatt 13m, Seite 2 217

Abbildung 50: Formblatt 13o, Seite 1 218

Abbildung 51: Formblatt 13o, Seite 2 219

Abbildung 52: Formblatt 15.1 220

Abbildung 53: Formblatt 15.2 221

Abbildung 54: Formblatt 16, Seite 1 222

Abbildung 55: Formblatt 16, Seite 1 223

Abbildung 56: Formblatt 17 224

Abbildung 57: Formblatt 18.1 225

Abbildung 58: Formblatt 21.1 226

Abbildung 59: Formblatt E1, Seite 1 227

Abbildung 60: Formblatt E1, Seite 2 228

Tabellenverzeichnis

Tabelle 1: Maximale Kräfte der UIC-Schraubenkupplung mit Seitenpuffern 27

Tabelle 2: Maximale Kräfte der Janney-Kupplung 29

Tabelle 3: Maximale Kräfte der Scharfenberg-Kupplung Typ 10 31

Tabelle 4: Maximale Kräfte der SA-3 Kupplung 32

Tabelle 5: Maximale Kräfte der AK69e/Intermat 34

Tabelle 6: Maximale Kräfte der Z-AK 35

Tabelle 7: Maximale Kräfte der C-AKv 36

Tabelle 8: Merkmale und Besonderheiten der Übertragungsmedien 43

Tabelle 9: Überblick über Funktionen und deren Sicherheitsrelevanz 89

Tabelle 10: Bewertungskriterien der sicherheitsrelevanten Funktionen in Phase 1 91

Tabelle 11: Signifikanzmatrix für die sicherheitsrelevanten Funktionen in Phase 1 92

Tabelle 12: Generelle Betriebsszenarien Automatisches Bereitstellen der Fahrzeuglänge .. 99

Tabelle 13: Generelle Betriebsszenarien Zuginterne Zugintegritätsüberwachung 102

Tabelle 14: Ergebnisse des Einstufungsverfahrens nach SIRF 111

Tabelle 15: Zuordnung von Unfallklassen und Punktebewertung vorhandener Barrieren für die Gefährdungen der Funktion Ersetzen der Gleisfreimeldeanlage 114

Tabelle 16: Tafel zum Gefährdungsbaum Automatisches Bereitstellen der Fahrzeuglänge 119

Tabelle 17: Tafel zum Gefährdungsbaum Zuginterne Zugintegritätsüberwachung 121

Tabelle 18: Vergleich der Systembestandteile neues System – Referenzsystem 124

Tabelle 19: Variantenübersicht 135

Tabelle 20: Kriterienübersicht EIU 136

Tabelle 21: Kriterienübersicht EVU 141

Tabelle 22: Präferenzmatrix 144

Tabelle 23: Berechnung der Gewichtung der Zugintegritätsüberwachung 145

Tabelle 24: Bewertungsskala der Zielerfüllung 146

Tabelle 25: Bewertung der Zielerfüllung und Rangfolge 147

Tabelle 26: Mit-/Ohnefall-Prinzip 152

Tabellenverzeichnis

Tabelle 27: Monetarisierbare Teilindikatoren der Standardisierten Bewertung 155

Tabelle 28: Monetarisierbare Teilindikatoren der Standardisierten Bewertung der MPK+ .. 156

Tabelle 29: Mitfälle 159

Tabelle 30: Stückzahlen umzurüstender Fahrzeuge in Deutschland 161

Tabelle 31: Stückzahlen umzurüstender Fahrzeuge in den Migrationsszenarien 162

Tabelle 32: Stückzahlen aus- und umzurüstender Fahrzeuge im Migrationsszenario 1 163

Tabelle 33: Stückzahlen aus- und umzurüstender Fahrzeuge im Migrationsszenario 2 163

Tabelle 34: Kosten der MPK+ Preisstand 2013 163

Tabelle 35: Gleisfreimeldeanlagen 165

Tabelle 36: Erhöhung der Zuglänge 167

Tabelle 37: Prognose der Transportleistung 2030 168

Tabelle 38: Kosten-Nutzen-Indikatoren in den Mitfällen 170

Tabelle 39: Nutzwertverteilung 170

Tabelle 40: Kosten-Nutzen-Indikatoren in den Mitfällen (Sensitivitätsbetracht. Leistung)... 174

Tabelle 41: Nutzwertverteilung (Sensitivitätsbetrachtung Leistung) 174

Tabelle 42: Kosten-Nutzen-Indikatoren in den Mitfällen (Sensitivitätsbetracht. Personal) .. 175

Tabelle 43: Nutzwertverteilung (Sensitivitätsbetrachtung Personal) 175

Tabelle 44: Kosten-Nutzen-Indikatoren in den Mitfällen (Sensitivitätsbetrachtung Kosten) 176

Tabelle 45: Nutzwertverteilung (Sensitivitätsbetrachtung Kosten) 176

Tabelle 46: Kosten-Nutzen-Indikatoren in den Mitfällen (Sensitivitätsbetrachtung Kosten) 177

Tabelle 47: Nutzwertverteilung (Sensitivitätsbetrachtung Kosten) 177

Tabelle 48: Erhöhung der Systemgeschwindigkeit nach [Sünderhauf2009] 198

Tabelle 49: Erhöhung der Systemgeschwindigkeit 199

Tabelle 50: Anstieg der System- und Umlaufgeschwindigkeit 199

Tabelle 51: Unfallrate Rangieren 200

Abkürzungen

Allgemeines Eisenbahngesetz	AEG
Coupler Monitor Device / Kupplungssensor	CMD
Verordnung EG Nr. 352/2009 über die Festlegung einer gemeinsamen Sicherheitsmethode für die Evaluierung und Bewertung von Risiken	CSM-RA
Head End Device / Zugspitzengerät	HED
Eisenbahn-Bau- und Betriebsordnung	EBO
Electronically Controlled Pneumatics	ECP
Eisenbahninfrastrukturunternehmen	EIU
End of Train Device / Zugschlussgerät	EOTD
Ethernet Train Backbone	ETB
Eisenbahnverkehrsunternehmen	EVU
European Train Control System	ETCS
Festbremsortungsanlage	FBOA
Induktive Zugsicherung	Indusi
Lichtwellenleiter	LWL
Linienzugbeeinflussung, linienförmige Zugbeeinflussung	LZB
Heißläuferortungsanlage	HOA
Mindestens gleiche Sicherheit	MGS
Mittelpufferkupplung	MPK
Mittelpufferkupplung, die eingeführt werden soll	MPK+
Multifunction Vehicle Bus	MVB
On-board Unit	OBU
Optical Glass Fibre	OGF

Öffentlicher Personennahverkehr	ÖPNV
Organisation für die Zusammenarbeit der Eisenbahnen in Europa	OSShD
Risikoakzeptanzkriterium für technische Systeme	RAC-TS
Radio Block Centre	RBC
Risc Score Matrix	RSM
Sicherheitsanforderungsstufe / Safety Integrity Level	SAS / SIL
Sicherheitsrichtlinie Fahrzeug	SIRF
Train Backbone Node	TBN
Train Communication Network	TCN
Triebfahrzeugführer	Tf
Trassenkilometer	Trkm
Technische Spezifikationen für die Interoperabilität	TSI
Internationaler Eisenbahnverband	UIC
Vehicle Information Device / Fahrzeugdatengerät	VID
Wire Train Bus	WTB
Zugsammelschiene	ZS

Abkürzungen

Kurzfassung

Sowohl im Schienengüter- als auch im Personenverkehr ist in der Zukunft mit einem deutlichen Verkehrsanstieg zu rechnen, der nicht allein durch extensiven Infrastrukturausbau kompensiert werden kann. Ein weites Feld zur Erschließung von Innovationspotentialen im Hinblick auf eine Effizienzsteigerung eröffnet sich im Rahmen der technischen Ausstattung der Fahrzeuge, die Im Zuge der Einführung des neuen europäischen Zugbeeinflussungssystems ETCS angepasst werden muss.

In diesem Projekt werden die Auswirkungen des Einsatzes einer automatischen Mittelpufferkupplung auf die Leit- und Sicherungstechnik unter Berücksichtigung der betriebs- und volkswirtschaftlichen Nutzen, der Migration sowie der Interoperabilität untersucht. Dabei werden funktionale Anforderungen an eine automatische Mittelpufferkupplung erarbeitet, Nutzwerte aus der Perspektive der Leit- und Sicherungstechnik geprüft und nach Integration eines Mengengerüstes eine Nutzen-Kosten-Abschätzung erstellt sowie grundsätzliche Migrationsszenarien abgeleitet.

Abstract

In the future there is a significant increase in traffic expected not only in rail freight but also passenger transport, which cannot be solely compensated by extensive development of rail infrastructure. At the same time, in compliance with the newly introduced European ETCS, updates to existing vehicle equipment are opening up significant opportunities for innovative new developments to increase efficiency.

This project investigates the impact of automatic central buffer coupling on the dispatch and safety systems, taking into account the operational and national economic benefits as well as its migration and interoperability. This project also preliminarily defines the functional requirements of the automatic central buffer coupling, verifies its utility value from both operational and safety systems perspective, obtains a cost-benefit assessment through the integration of a quantity structure, and defines basic migration scenarios.

1 Einleitung

1.1 Einführung

Im europäischen Schienenverkehr ist in Zukunft mit einem deutlichen Anstieg der Verkehrsleistung zu rechnen, der auf Grund knapper finanzieller Mittel und der in Ballungsräumen nur knapp oder gar nicht zur Verfügung stehenden freien Flächen nicht allein durch extensiven Infrastrukturausbau kompensiert werden kann. Neben betrieblichen Verbesserungen liegt ein großes Innovationspotential zur Effizienzsteigerung in der technischen Ausstattung der Fahrzeuge sowie deren Anpassung an die zukünftige Leit- und Sicherungstechnik.

Die im europäischen Güter- und im Personenverkehr heute immer noch überwiegend eingesetzte Schraubenkupplung ist seit den 1860er Jahren im Einsatz und entspricht schon lange nicht mehr dem Stand der Technik. In den USA ist seit den 1890er Jahren die Janney-Kupplung, eine Mittelpufferkupplung, im Einsatz, deren Vorteil gegenüber der Schraubenkupplung einerseits im automatischen Kuppeln, andererseits im Bewältigen höherer Anhängelasten liegt. Im Lauf der Zeit entwickelten sich weitere Kupplungssysteme, die z. T. neben dem automatischen Kuppeln einer mechanischen Kupplungsverbindung auch die Druckluftleitungen der Bremsen und sogar elektrische Datenleitungen vollautomatisch verbinden und bei wenigen Systemen auch wieder vollautomatisch trennen können.

Eine durchgehende Datenleitung ermöglicht den damit ausgestatteten Zügen z. B. eine Zugintegritätsprüfung, die nicht auf Gleisfreimeldeanlagen oder spezielle Zugschlussgeräte angewiesen ist.

So ausgerüstete Kupplungssysteme sind bisher fast nur bei Triebwagen im Personenverkehr im Einsatz und unterliegen einigen Einschränkungen wie den z. B. den übertragbaren Zug- und Druckkräften, Robustheit gegenüber Verschmutzungen, häufiges Trennen und Verbinden, Kosten, etc. und eignen sich daher nur eingeschränkt für einen Einsatz im Güterverkehr.

Zu den betrieblichen und wirtschaftlichen Vorteilen eines Einsatzes eines (halb-) automatischen Kupplungssystems existieren einige wissenschaftliche Abhandlungen, wie z. B. „Die automatische Mittelpufferkupplung" des bekannten Ökonomen Edgar Salin aus den 1960er Jahren [Salin1966], eine gleichnamige Studie von Prof. Dr. rer.

pol. Bernhard Sünderhauf aus dem Jahr 2009 [Sünderhauf2009] oder die Dissertation „Untersuchung von Einsatzszenarien einer automatischen Mittelpufferkupplung" von Dr.-Ing. Helge Stuhr aus dem Jahr 2013 [Stuhr2013]. All diesen Werken ist eines jedoch gemeinsam: Sie beschäftigen sich nur am Rande oder gar nicht mit den Auswirkungen und den technischen Möglichkeiten, die solche Kupplungssysteme mit integrierter Datenübertragungsmöglichkeit auf die Leit- und Sicherungstechnik haben könnten bzw. sich mit der Einführung des neuen europäischen Zugbeeinflussungssystems ETCS-Level 3 eröffnen.

So wird in allen Zügen eine fahrzeugseitige Prüfung der Zugvollständigkeit bei vollem Ausbau von ETCS-Level 3 notwendig, wodurch sich Auswirkungen auf die Ausstattung der streckenseitigen Leit-und Sicherungstechnik ergeben werden, z. B. werden Gleisfreimeldeanlagen (teilweise) überflüssig. Im Personenverkehr sind heute schon die meisten Züge– auch solche mit Schraubenkupplungen – mittels der UIC-Leitung dazu theoretisch in der Lage. Im Güterverkehr ist dies mangels elektrischer Verbindung bisher nicht möglich.

Die Einführung einer Mittelpufferkupplung zusammen mit einer Verbindung zur Datenübertragung im Schienengüterverkehr brächte somit mehrere Nutzen: Einerseits Vorteile im Betrieb, wie z. B. schnelleres und sichereres Kuppeln und Entkuppeln, aber auch deutlich höhere Anhängelasten, und – bei Anpassung der Infrastruktur – längere Züge, was bei hoch belasteten Streckenabschnitten Kapazitätsprobleme verringern könnte. Andererseits könnte mit Hilfe einer solchen Kupplung mit elektrischer Datenverbindung auf ein Teil der sich direkt am Gleis befindenden Leit- und Sicherheitstechnik verzichtet werden und auch ein Teil der sonstigen betriebsnotwendigen, sicherheitsrelevanten Vorgänge vereinfacht und beschleunigt werden.

Alle genannten wissenschaftlichen Arbeiten sind sich darüber einig, dass durch die Einführung einer voll- bzw. teilautomatischen Kupplung im Güterverkehr sowohl betriebs- wie auch volkswirtschaftliche Vorteile zu erzielen sind. Trotz der positiven Bewertungen ist jedoch bis heute keine Einführung eines solchen Kupplungssystems in Europa gelungen, obwohl sich schon seit langem vielversprechende Kupplungstypen weltweit im Einsatz befinden, die z. T. auch das Migrationsproblem einer Umstellungsphase durch Kompatibilität mit der Schraubenkupplung lösen können. Güterwagen in Europa sind seit den 1970er Jahren konstruktiv für die Nachrüstung mit einer Mittelpufferkupplung vorbereitet, von diesen Wagen sind einige mittlerweile schon ausrangiert und damit diese Zusatzinvestitionen verloren.

Das Ziel der vorliegenden Untersuchung ist es, einerseits die technischen Anforderungen an diese Leitungskupplung mit Datenübertragung zu untersuchen, eine vereinfachte Risikoanalyse mit einer Gefährdungsermittlung und -einstufung durchzuführen, andererseits eine wirtschaftliche Bewertung mit Hilfe einer Nutzwertanalyse und einer Kosten-Nutzen-Analyse durchzuführen, bei der Investitionen und Nutzen einer solchen Leitungskupplung berücksichtigt werden. Dabei sollen die Ansätze bisheriger Arbeiten sowie die aktuellen technischen Entwicklungen berücksichtigt werden.

1.2 Aufbau des Berichtes

In Kapitel 2 wird der aktuelle Stand der Entwicklung von Mittelpufferkupplungssystemen untersucht. Dabei werden die wichtigsten, sich weltweit im Einsatz befindenden System kurz vorgestellt, Begriffe und Abgrenzungen eingeführt und definiert sowie auf Migrationserfahrungen hingewiesen. Kapitel 2 gibt darüber hinaus einen Einblick in Technologien zur Datenübertragung im Zugverband und greift abschließend einige der bekannten, Untersuchungen zum Potential von Mittelpufferkupplungen auf.

Das 3. Kapitel zeigt die Anforderungen an eine Mittelpufferkupplung mit elektrischer Leitungskupplung auf. Dabei werden grundlegende Annahmen vorgestellt sowie Kommunikation und Sicherheit untersucht. Abschließend werden die wichtigsten Anwendungsfälle dargestellt.

Im 4. Kapitel wird eines der beiden Hauptthemen dieses Berichtes, die Grundlagen für einen noch zu führenden Sicherheitsnachweis, ausführlich untersucht. Dabei wird auf das Risikoverfahren nach CSM-RA eingegangen und die sicherheitsrelevanten Funktionen ermittelt. Um abschließend eine vereinfachte Risikoanalyse durchzuführen, wird zuvor eine Systemdefinition entworfen.

In Kapitel 5 und 6 wird das zweite Hauptthema dieses Berichtes, die wirtschaftliche Betrachtung der neuen Mittelpufferkupplung mit elektrischer Leitungskupplung behandelt. Kapitel 5 zeigt wichtige Nutzwerte für EIU und EVU auf und führt darauf basierend eine Nutzwertanalyse durch. Im darauffolgenden 6. Kapitel wird eine Kosten-Nutzen-Analyse dieser Leitungskupplung durchgeführt, die sich an das bekannte

Verfahren der „Standardisierten Bewertung von Verkehrswegeinvestitionen des öffentlichen Personennahverkehrs" anlehnt.

Im abschließenden Kapitel 7 werden die Ergebnisse der Untersuchung nochmals kurz aufgegriffen und ein abschließendes Fazit gezogen.

2 Aktueller Stand der Entwicklung

2.1 Mittelpufferkupplungssysteme

2.1.1 Kupplungssysteme bei der Eisenbahn

Die in der zweiten Hälfte des 19. Jahrhunderts, in Deutschland 1861 eingeführte, konventionelle Schraubenkupplung in Verbindung mit Seitenpuffern ist im europäischen Schienengüterverkehr mit Ausnahme Russlands und angrenzender, ehemaliger Sowjetrepubliken Standard [Sünderhauf2009]. Der Einsatz von automatischen bzw. teilautomatischen Kupplungssystemen beschränkt sich auf wenige Insellösungen mit z. T. unterschiedlichen, nicht oder nur teilweise kompatiblen Kupplungstypen.

In den meisten nicht-europäischen Ländern haben sich modernere, halb- und vollautomatische Mittelpufferkupplungssysteme durchgesetzt, die üblicherweise nicht nur Zug- sondern auch Druckkräfte zentral von Wagenkasten zu Wagenkasten übertragen. Bei Mittelpufferkupplungssystemen sind deutlich höhere maximale Zug- und Druckkräfte möglich als dies bei der Schraubenkupplung der Fall ist. Durch die Ausführung als Mittelpufferkupplung muss kein Rangierer zwischen die Wagen treten, was Unfälle reduziert. Die im Schienenpersonenverkehr bei Triebwagen heutzutage eingesetzten Kupplungstypen erlauben z. T. nicht nur ein vollautomatisches Kuppeln und Entkuppeln der mechanischen Verbindung, sondern auch der Druckluftleitungen für die Bremsen sowie der elektrischen Leitungen z. B. für Mehrfachtraktionssteuerung.

Im folgenden Abschnitt wird auf diese grundlegenden Funktionen eingegangen, anschließend die wichtigsten Kupplungssysteme und ihre Eigenschaften, Verbreitung und Migration vorgestellt. Siehe dazu auch die Übersicht „Entwicklung relevanter Kupplungssysteme und Sicherungstechnik" im Anhang A.

2.1.2 Begriffe und Abgrenzungen

2.1.2.1 Kupplung

Unter dem Begriff „Kupplung" versteht dieser Bericht die Verbindung zweier Eisenbahnfahrzeuge, z. B. zweier Wagen, miteinander. Das grundlegende Prinzip ist eine Verbindung, die eine Kraftübertragung ermöglicht, aber auch wieder unterbrochen werden kann. Bei den zu übertragenden Kräften wird zwischen Zug- und Druckkräften unterschieden.

2.1.2.2 Automatisch vs. halbautomatisch

Die für europäische Eisenbahnen typische Kupplung ist die Schraubenkupplung, die von einem Rangierer verbunden oder getrennt werden muss, in dem er die Spindel dreht und den 35 kg schweren Kupplungsbügel in den Zughaken ein- bzw. aushakt. Dazu muss der Rangierer in den „Berner Raum" zwischen die beiden zu verbindenden oder zu trennenden Fahrzeuge treten, was einige Gefahren mit sich bringt und häufig zu Unfällen führt. Die Bestimmungen zum Berner Raum gehen zurück auf die Berner Vereinbarung über die Technische Einheit im Eisenbahnwesen von 1882. Bei dieser UIC-genormten Schraubenkupplung handelt es sich somit um eine nichtautomatische Kupplungsart.

Demgegenüber stehen Kupplungen, die häufig als automatisch bezeichnet werden, allerdings handelt es sich dabei oftmals um Kupplungen, die nur automatisch gekuppelt werden können, aber von einem Rangierer vor Ort entkuppelt werden müssen. Ebenso werden Kupplungen als z. T. als automatisch bezeichnet, obwohl Luftleitungen und ggf. andere elektrische Verbindungen manuell verbunden und getrennt werden müssen. Diese genannten Typen werden in diesem Bericht als halbautomatisch bezeichnet. Vollautomatisch sind daher nur solche Kupplungen, die außer der mechanischen Verbindung auch Luftleitungen und mindestens eine elektrische Verbindung ohne Hilfe eines Rangierers miteinander verbinden und trennen können.

2.1.2.3 Kraftübertragung

Schon die ersten Eisenbahnen besaßen Puffer zur Übertragung der Druckkräfte, da über Ketten o. ä. Verbindungen zwischen den Wagen nur Zugkräfte, aber keine Druckkräfte übertragen werden konnten. Diese Schutzpuffer verhinderten auch die Beschädigung der Wagen. Später federten Stangen- und Hülsenpuffer die einwirkenden Kräfte ab.

Zugkräfte wurden über spezielle Ketten und Zughaken übertragen, die gefedert eingebaut wurden, um plötzlich auftretende Kräfte abzuschwächen. Durch diese Federung konnten sich die Zughaken in Bögen strecken, wodurch Bogenfahrt und Kuppeln in Bögen ermöglicht wurden. Im gekuppelten Zustand ist immer nur eine Lasche mittels Schwengel, Spindel und Bügel mit einem Zughaken verbunden.

Im Gegensatz zu Schraubenkupplungen mit Seitenpuffern übertragen Mittelpufferkupplungen sowohl Zug- als auch Stoßkräfte.

In der folgenden Abbildung ist die Verbindung zweier Fahrzeuge mit der in Europa typischen UIC-Schraubenkupplung zu sehen.

Abbildung 1: Kraftübertragung einer UIC-Schraubenkupplung

Typische Werte für übertragbare Zug- und Druckkräfte der UIC-Schraubenkupplung sind in folgender Tabelle dargestellt [Chatterjee1999].

Kraft	Wert
Max. übertragbare Zugkraft	500 kN
Max. übertragbare Druckkraft	2000 kN

Tabelle 1: Maximale Kräfte der UIC-Schraubenkupplung mit Seitenpuffern

2.1.3 MPK-Systeme, Anwendungsbeispiele und Migrationserfahrungen

2.1.3.1 Janney und Willison

In den USA entwickelte der Erfinder Eli H. Janney Ende der 1860er Jahren die nach ihm benannte Janney-Kupplung. Dabei handelt es sich um eine halbautomatische Mittelpufferkupplung, die auf dem Klauenprinzip aufbaut und sowohl Zug- als auch Druckkräfte überträgt. Die in den USA üblicherweise als „AAR Coupler" (AAR steht für "Association of American Railroads)" bezeichnete Kupplung lässt ein automatisches Kuppeln zu, Entkuppeln erfolgt manuell durch eine spezielle Zugstange. Luftleitungen müssen manuell miteinander verbunden werden. Janney-basierte Kupplungen sind nicht mit herkömmlichen Schraubenkupplungen kompatibel.

Abbildung 2: Janney-Kupplung

Per gesetzlichen Erlass vom Februar 1893 war die Janney-Kupplung binnen einer 5 Jahres-Frist für alle Eisenbahnfahrzeuge in den USA einzuführen. Diese Frist wurde um zwei Jahre verlängert und ab 1903 Fahrzeuge ohne halbautomatische Kupplungssysteme verboten [Seibt2010].

Die gegenüber Witterungseinflüssen und Verschmutzungen sehr robuste Janney-Kupplung ist heute in mehreren Varianten in den USA sowie Südamerika, Afrika, Australien und Asien im Einsatz [Seibt2010]. Eine Einführung in Europa wurde schon 1907 verworfen, da der geringe Greifbereich dieses Kupplungstyps in den engeren

Gleisbögen europäischer Bahnen den Kuppelvorgang erheblich erschwert [Seibt2010].

Bis heute wurde die Janney-Kupplung mehrfach weiterentwickelt, die maximal möglichen übertragbaren Kräfte wuchsen an. Allerdings unterblieb bis heute trotz des Einsatzes der Kupplung auch im Personenverkehr eine Weiterentwicklung hinsichtlich automatischer Verbindung von Luftleitungen und elektrischen Kontakten [Wagner1997].

Kraft	Wert
Max. übertragbare Zugkraft	1200 kN
Max. übertragbare Druckkraft	2900 kN

Tabelle 2: Maximale Kräfte der Janney-Kupplung

1916 wurde die Janney-Kupplung zur Willison-Kupplung weiterentwickelt, die im Prinzip eine vereinfachte, robustere Variante der erstgenannten ist. Die Willison-Kupplung konnte sich wegen der zu diesem Zeitpunkt schon weit verbreiteten Janney-Kupplung in den USA nicht durchsetzen [Seibt2010b].

2.1.3.2 Scharfenbergkupplung

Die Scharfenbergkupplung (Schaku) wurde von ihrem Erfinder gleichen Namens im Jahre 1903 zum Patent angemeldet und Ende der 1920er Jahre erstmals in größerem Umfang bei der Berliner S-Bahn eingesetzt. Diese Kupplung überträgt Zug- und Druckkräfte. Kupplungen vom Typ Scharfenberg kuppeln und entkuppeln i. d. R. vollautomatisch, d. h. auch die nötigen Luftleitungen und elektrischen Kontakte sind in diesen Kupplungstyp integriert. Eine Scharfenbergkupplung kann nicht mit herkömmlichen Schraubenkupplungen gekuppelt werden [Voith2012].

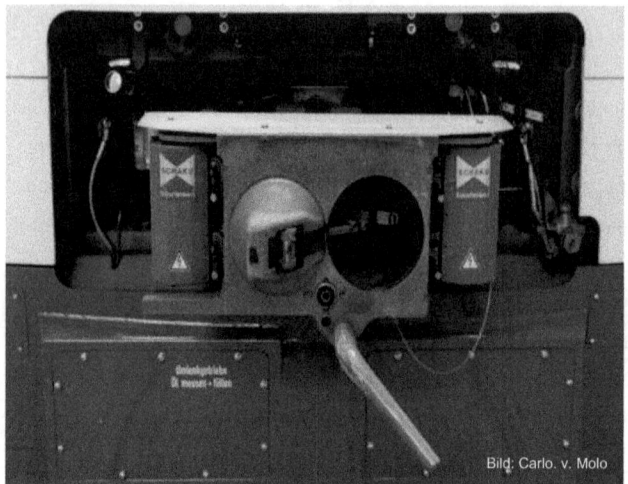

Abbildung 3: Scharfenbergkupplung eines VT612

Seit ihrer Einführung kommt die vollautomatische Schaku in unterschiedlichen Varianten in den verschiedensten Eisenbahnfahrzeugen vom ICE bis zur Straßenbahn in ganz Europa und weltweit zum Einsatz. Hochgeschwindigkeitszüge müssen laut TSI (Technische Spezifikation für die Interoperabilität) über einen Scharfenberg-Kupplungskopf vom Typ 10 verfügen [Voith2012].Dieser Typ 10 wird auch von der DIN EN 16019 [DIN16019] beschrieben und spezifiziert. Normalerweise wird die Schaku durch ein Kupplungsmodul mit elektrischen Kontakten ergänzt, das je nach Zugtyp und Anforderung bzw. Anzahl der Kontakte in der Anordnung und Größe stark variiert, weshalb z. T. ein mechanisches Kuppeln möglich ist, aber kein elektrisches.

Nicht nur wegen dieser z. T. über einhundert zu kuppelnden elektrischen Kontakten ist die Schaku gegenüber Verschmutzungen und auch witterungsbedingten Einflüsse empfindlich, sie wird häufig entweder durch eine mechanische Klappe, z. B. bei den ICE-Triebwagen, oder eine andere Abdeckung, z. B. Schutzmantel bei Nahverkehrstriebwagen, geschützt. Dieser Nachteil verhindert einen Einsatz im Güterverkehr, bei dem mit starken Verschmutzungen und Witterungseinflüssen zu rechnen ist.

Eine Weiterentwicklung dieses Kupplungstyps erfolgt ständig, z. B. listet der Hersteller Voith Turbo Scharfenberg GmbH mehrere Varianten weiterentwickelter Scharfenbergkupplungen, u. a. einen speziell für den Güterverkehr mit hohen Lasten ausgelegten Typ, auf [Voith2014]. Daneben bieten auch andere namhafte Hersteller wie Dellner scharfenbergähnliche Kupplungen in ihrem Sortiment an [Dellner2014]. Diese Kupplungen sind häufig speziell für einen bestimmten Verwendungszweck und Fahrzeugtyp entwickelt und daher auch oftmals nicht mechanisch zueinander kompatibel.

Einen kurzen Überblick über die übertragbaren Kräfte gibt folgende Tabelle [DeineBahn2004].

Kraft	Wert
Max. übertragbare Zugkraft	1000 kN
Max. übertragbare Druckkraft	1500 kN

Tabelle 3: Maximale Kräfte der Scharfenberg-Kupplung Typ 10

2.1.3.3 SA-3

Ende der 1920er Jahre versuchte eine UIC-Arbeitsgruppe eine Mittelpufferkupplung ein Janney- oder Willison-basiertes System für Europa zu entwickeln. Dies scheiterte aus verschiedenen Gründen. In der Sowjetunion jedoch begann ab 1935 die Einführung einer halbautomatischen Kupplung, die auf der Willison-Kupplung basiert.

Die SA-3 überträgt Zug- und Druckkräfte, Luftleitungen werden manuell gekuppelt, ebenso elektrische Leitungen [Schmidt1965].

Aufgrund des 2. Weltkrieges dauerte die Umstellung bis 1956. Außerhalb Russlands bzw. des Gebiets der ehemaligen Sowjetunion ist die SA-3 u. a. in Skandinavien um Einsatz, z. B. auf der Erzbahn Kiruna – Lulea – Narvik unter schwierigsten klimatischen Bedingungen und hohen Zuglasten bis zu 8200 Tonnen [Dvoracek2001].

Abbildung 4: Kupplung Typ SA-3

Gegen Ende der 1990er Jahre wurde die SA-3 zur SA-3M bzw. SA-4 weiterentwickelt und die Mechanik verbessert sowie eine Sicherung hinzugefügt, die verhindert, dass gebrochene Kupplungen auf das Gleis fallen. Diese Weiterentwicklungen sind zur SA-3 voll kompatibel. Prinzipiell besteht die Möglichkeit bei den neuen Versionen Druckluftleitungen automatisch mitzukuppeln, für einen Einsatz in der Praxis fehlt der Beleg [Wagner1997].

Kraft	Wert
Max. übertragbare Zugkraft	2500 kN
Max. übertragbare Druckkraft	2500 kN

Tabelle 4: Maximale Kräfte der SA-3 Kupplung

2.1.3.4 AK69e/Intermat

Trotz des nach dem 2. Weltkrieges existierenden eisernen Vorhangs bemühten sich die UIC und ihr osteuropäisches Gegenstück, die Organisation für die Zusammenarbeit der Eisenbahnen in Europa (OSShD), weiterhin um die Entwicklung einer einheitlichen (halb-) automatischen Kupplung für Gesamteuropa. Als Ergebnis entstand bis Mitte der 1970er Jahre eine AK69e bzw. Intermat genannte Mittelpufferkupplung, die wegen des auf dem System Willison basierten Konzeptes sowohl Zug- und Druckkräfte überträgt als auch mit der SA-3 kuppelbar ist [Burri2003]. Die AK69 kann

Hauptluft- und Hauptluftbehälterleitung automatisch kuppeln, in der Version AK69e ist sogar eine elektrische Leitung automatisch mitkuppelbar. Das Entkuppeln erfolgt über eine angebrachte Zugstange manuell.

Abbildung 5: Kupplung Typ AK69

Nachdem die gemeinsame Entwicklung abgeschlossen war, wurde ein Umstellungsdatum, Ostern 1976, für alle europäischen Bahnen vereinbart, was jedoch von keiner der betroffenen Bahnen eingehalten werden konnte. Der Grund lag hauptsächlich darin, dass eine Umstellung von hunderttausenden Güterwagen in kürzester Zeit nicht möglich war. Eine gleichzeitig entwickelte Gemischtkupplung, eine SA-3 bzw. AK69 mit Kupplungshaken zum Kuppeln von UIC-Schraubenkupplungen war zu der Zeit nur zum Rangieren zugelassen, konnte mittlerweile aber in Finnland, wo die Mehrzahl der Wagen mit UIC-Schraubenkupplung, Lokomotiven aber mit SA-3 Kupplungen ausgerüstet sind, und auch in den Niederlanden ihre Tauglichkeit für den Streckendienst beweisen.

Im schweren Erz- und Montanverkehr der Deutschen Bundesbahn kam ab Mitte der1970er Jahre eine um die elektrische Leitung beraubte Kupplung als AK69 zum Einsatz. Gezogen und z. T. zusätzlich geschoben von mit dieser Kupplung ausgerüsteten Lokomotiven der BR 151 brachten diese Züge eine Last von bis zu 5400 Tonnen auf die Schiene [Lämmli2010].

Die SBB beschaffte Anfang der 70er Jahre neue Inlandsschnellzugwagen, Einheitswagen Typ III „Swiss-Express", und rüstete diese sowie die dazu passenden Lokomotiven vom Typ Re 4/4^{II} mit der AK69e aus. In der Folge gab es Probleme bei Ausfall einer der Lokomotiven mit der AK69e, denn dann musste entweder eine ebenso ausgerüstete Maschine bereitstehen oder eine Hilfskupplung zum Einsatz kommen. Ende der 90er Jahre wurden deshalb die Endwagen der Zuggarnituren sowie die Lokomotiven mit UIC-Schraubenkupplungen ausgerüstet [Burri2003].

In der nachfolgenden Tabelle sind die maximal übertragbaren Kräfte [Wagner1997] erfasst:

Kraft	Wert
Max. übertragbare Zugkraft	1000 kN
Max. übertragbare Druckkraft	2000 kN

Tabelle 5: Maximale Kräfte der AK69e/Intermat

Dass dieses gesamteuropäische Kupplungsprojekt Mitte der 1970er Jahre nicht weiterverfolgt wurde, lag an der einsetzenden Wirtschaftskrise, die z. T. zu einem Rückgang im Güterverkehr von einem Drittel führte und die großen nationalen Bahnen mehr Interesse an Hochgeschwindigkeitsstrecken hatten. Dazu kam, dass sich die Kupplung durch die Kompatibilität mit der SA-3, die ihrerseits nicht für das automatische Kuppeln von Luft- und elektrischen Leitungen vorgesehen ist, erheblich komplexer und teurer wurde als in den Schätzungen vor- und während der Entwicklungsphase [Burri2003].

2.1.3.5 Z-AK

Nach der gescheiterten Einführung der AK69/Intermat startete die Deutsche Bahn in den 1990er Jahren einen neuen Anlauf zur Einführung einer (halb-) automatischen Kupplung. Die Z-AK ist eine halbautomatische Zugkupplung, die die Schraubenkupplungen ersetzen sollte, jedoch die herkömmlichen Puffer zur Übertragung von Druckkräften belassen sollte. Bei diesem vereinfachten Kupplungssystem erfolgt das Kuppeln inkl. Luftleitungen automatisch, Entkuppeln erfolgt wie bei der AK69e oder auch SA-3 mittels Betätigung einer Zugstange. Das Kuppeln einer elektrischen Verbindung wie bei der AK69e noch möglich, ist bei der Z-AK nicht vorgesehen. Die Z-AK ist mit der Schraubenkupplung kuppelbar, jedoch nicht mit anderen Kupplungssystemen [Seibt2010b].

Über eine Erprobung kam die Z-AK nicht hinaus, denn außer dem automatischen Kuppeln und einem –verglichen mit anderen halbautomatischen Kupplungen– günstigen Preis bringt die Z-AK keine weiteren Vorteile mit sich, aber behält die Nachteile der UIC-Schraubenkupplung weitgehend bei [Lämmli2010].

Die von der Z-AK übertragbaren Kräfte [Chatterjee1999] zeigt die nachfolgende Tabelle im Überblick:

Kraft	Wert
Max. übertragbare Zugkraft	500 kN
Max. übertragbare Druckkraft	2000 kN

Tabelle 6: Maximale Kräfte der Z-AK

2.1.3.6 C-AKv

Eine der neuesten Entwicklungen im Kupplungsbereich ist die C-AKv genannte Kupplung, die vom Hersteller SAB WABCO, heute Faiveley Transport, entwickelt und unter der Bezeichnung „Transpact" beworben wird. Im Gegensatz zur Z-AK überträgt die C-AKv wieder Zug- und Druckkräfte wie z. B. die schon beschriebene AK69.

Die C-AKv ist eine halbautomatische Zug-Druckkupplung, die auf einem Willison-Profil basiert und mit der SA-3 kompatibel ist, per manuellem Kuppelns mittels eines Adapters auch mit der AK69. Dazu kommt, dass in die C-AKv eine Gemischtzugkupplung integriert ist, die das Kuppeln mit der UIC-Schraubenkupplung zulässt, was allerdings herkömmliche Seitenpuffer erfordert. Des Weiteren sind Luftleitungen und eine kuppelbare elektrische Leitung vorgesehen. Das Entkuppeln der - im Vergleich zu ihren Vorgängern - sehr kompakten Kupplung erfolgt wie bei allen anderen halbautomatischen Systemen mittels einer Zugstange [Chatterjee2002].

Abbildung 6: Kupplung Typ C-AKv

Die C-AKv ersetzt bei der Deutschen Bahn nach und nach die in den schweren Erzverkehren eingesetzten AK69 Kupplungen. Ab dem Jahr 2010 übernahmen 18 mit C-AKv ausgerüstete Mehrsystemlokomotiven der BR 189 (030-047), die auch in den Niederlanden verkehren können, die Erzzüge vom Hafen Rotterdam nach Dillingen [Eisenbahnmagazin2015]. Mittlerweile ist auch ein Test der C-AKv nach SNCF-Betriebsbedingungen erfolgt [Chatterjee2002].

Die C-AKv ist in der Lage, Zugkräfte in der Höhe zu übertragen [Chatterjee1999], wie dies schon die Ak69 kann.

Kraft	Wert
Max. übertragbare Zugkraft	1000 kN
Max. übertragbare Druckkraft	2000 kN

Tabelle 7: Maximale Kräfte der C-AKv

2.1.4 Fazit Kupplungssysteme

Während sich in den großen Teilen der Welt, z. B. bei den Eisenbahnen der USA und Russlands, automatische, zumindest teilautomatische Mittelpufferkupplungen schon seit vielen Jahrzehnten durchgesetzt und bewährt haben, wird ein Europa an der althergebrachten Schraubenkupplung mit Außenpuffern festgehalten. Während dieser

Zeit haben sich die technischen Rahmenbedingungen wie z. B. Zuglasten, Zuglängen, Stellwerkstechnologie und Zugbeeinflussungssysteme ständig weiterentwickelt und stellen neue und andere Anforderungen an das zum Einsatz kommende Kupplungssystem, die von der Schraubenkupplung immer häufiger überhaupt nicht oder nur teilweise unter Inkaufnahme gravierender betrieblicher und finanzieller Nachteile erfüllt werden können. Einen Überblick hierzu findet sich im Anhang A (Entwicklung relevanter Kupplungssysteme und Sicherungstechnik).

2.2 Technologien zur Datenübertragung im Zugverband

Der untersuchte Ansatz zur Einführung einer Mittelpufferkupplung setzt eine durchgehende signaltechnisch sichere Datenverbindung im gesamten Zugverband voraus. Eine solche Verbindung ist bereits für die Realisierung der Zugintegritätsprüfung notwendig. Gleichzeitig soll die Datenverbindung für weitere Anwendungen genutzt werden, die sowohl Nutzen für die Leit- und Sicherungstechnik als auch für EIU und EVU allgemein generieren sollen.

Es existieren zahlreiche Übertragungsmedien und Technologien, die für die Datenübertragung im Zugverband in Frage kommen. Dieser Abschnitt stellt den aktuellen Stand der Technik in diesem Bereich in Bezug auf zwei Schwerpunkte dar. Der erste Teil widmet sich den Übertragungsmedien und deren prinzipiellen Eignung für die Integration in eine Mittelpufferkupplung. Dabei werden die Übertragungsmedien hinsichtlich der folgenden Merkmale beschrieben und ihre jeweiligen Besonderheiten herausgearbeitet:

- Reichweite, Durchsatz
- Netztopologie (Ring, Bus, Kette, Stern, freie Topologie)
- Empfindlichkeit gegenüber Fremdbeeinflussungen
- Energieversorgung über die Datenleitung
- Aspekte der Integration in eine automatische Mittelpufferkupplung
- Bisheriger Einsatz der Mediums auf Eisenbahnfahrzeugen

Der zweite Teil beschreibt konkrete Datenübertragungstechnologien und Forschungsansätze, die für die zu untersuchenden Aufgaben relevant sind.

2.2.1 Datenübertragungsmedien

2.2.1.1 Elektrische Datenübertragung

Die meistverbreitete und älteste Datenübertragungstechnologie stellt die elektrische Datenübertragung über einen durchgehenden Leiter (meist Kupferkabel) dar. Dabei werden die Informationen im Allgemeinen durch sich abwechselnde Spannungspegel kodiert.

Die maximale Reichweite (Leitungslänge) sowie der maximale Durchsatz hängen in erster Linie von der Signaldämpfung ab, die wiederum von den für die Übertragung verwendeten Frequenzen abhängt. Generell nimmt der mögliche Durchsatz mit der Leitungslänge ab; weiterhin beeinflussen Faktoren wie die verwendete Spannung und die Kabelart die dabei erreichbaren Werte. Bei verbreiteten Technologien bewegt sich die Reichweite im Bereich zwischen mehreren Metern und wenigen Kilometern und der Durchsatz zwischen wenigen Kilobit/s und einigen Gigabit/s.

Die Netztopologie wird bei der elektrischen Datenübertragung prinzipiell nicht eingeschränkt, auch wenn konkrete Technologien bestimmte Netztopologien voraussetzen können. Die Verzweigungen in einem Netz können passiv ausgeführt werden. Es existiert eine unüberschaubare Vielfalt an Verbindungtechniken für elektrische Kabel für verschiedene Anforderungsprofile.

Da ein beliebiges Magnetfeld in der näheren Umgebung der Datenleitung durch elektromagnetische Induktion die Datenübertragung beeinflussen und so zu Störungen führen kann, müssen Maßnahmen zur Abschirmung der Leitungen bzw. Fehlererkennung und Fehlerkorrektur in den höheren Schichten ergriffen werden. Die Vielfalt der Fremdbeeinflussungsquellen kann zu einem beträchtlicher Aufwand für die Herstellung und den Nachweis der notwendigen Fremdbeeinflussungsfreiheit führen. Dies gilt insbesondere im Zusammenhang mit hohen Zuverlässigkeitsanforderungen.

Die Energie, die zum Betrieb von aktiven Netzwerkkomponenten notwendig ist, kann über dieselbe Leitung übertragen werden. Im Verlauf der historischen Entwicklung haben sich zwei Klassen von Technologien etabliert. Die als *Powerline Communications* (PLC) bezeichneten Technologien definieren Datenübertragungsverfahren ausgehend von einem vorhandenen Stromnetz. In den meisten Fällen handelt es sich dabei um ein 230V-Wechselspannungsnetz mit der Grundfrequenz von 50/60 Hz, das etwa in einem Gebäude installiert ist; die Netzwerkkomponenten werden über spezielle Koppler angeschlossen. Dem stehen Standards gegenüber, die von einem bestehenden Datennetzwerk als Basis ausgehen und die Energieübertragung als Erweiterung spezifizieren. Das wohl bekannteste Beispiel für eine solche Herangehensweise ist der *Power over Ethernet*-Standard [IEEE802.3at]. Die gemeinsame Übertragung von Energie und Daten über die selbe Leitung stellen zusätzliche Anforderungen an den Beeinflussungsschutz für die Datenübertragung, da sowohl die Energieübertragung selbst als auch über die Energieverbraucher eingebrachte Störungen (z. B. durch Schaltnetzteile) aus der Sicht der Datenübertragung wesentliche Beeinflussungsquellen darstellen.

Die Integration einer Leitungskupplung für eine elektrische Datenverbindung in eine Mittelpufferkupplung ist unproblematisch. Entsprechende automatische Leitungskupplungen sind in vielen Industrie- und Verkehrsbereichen im Einsatz. Unter anderem wurde bereits bei der Entwicklung der AK69e-Mittelpufferkupplung eine Leitungskupplung für mehradrige elektrische Leitungen entwickelt und im Schienengüterverkehr erprobt. Die C-AKv-Kupplung sieht ebenfalls das automatische Kuppeln einer elektrischen Verbindung vor. Im Schienenpersonenverkehr sind entsprechende Zusatzmodule für Kupplungen nach dem Scharfenberg-Prinzip im breiten Einsatz.

Nahezu alle in der Literatur beschriebenen Systeme zur Kommunikation im Zugverband nutzen die elektrische Datenübertragung.

2.2.1.2 Optische Datenübertragung

Bei der optische Datenübertragung wird die zu übertragende Information, die in Form eines elektrischen Signals vorliegt, im Sender mit Hilfe einer Leuchtdiode oder eines Lasers in ein optisches Signal (Licht einer bestimmten Wellenlänge) umgewandelt und in einen Lichtwellenleiter (LWL, Glasfaserkabel) eingespeist. Der Empfänger benutzt eine Fotodiode, um dieses Lichtsignal auszuwerten und wieder in ein elektrisches Signal umzuwandeln.

Die maximale Reichweite hängt von der verwendeten Lichtwellenlänge, der Sendeleistung und der Art des Lichtwellenleiters ab. Aktuell sind maximale Reichweiten von mehreren Hundert Metern bis zu mehreren Kilometern möglich. Der mögliche Durchsatz ist ebenfalls sehr hoch und reicht bis zu mehreren Gigabit/s.

Die Netztopologie wird zwar prinzipiell nicht eingeschränkt, jedoch sind passive Netzwerkkomponenten, die optische Signale ohne zusätzliche Energiezufuhr und ohne Konvertierung zwischen elektrischer und optischer Übertragung verteilen, im Vergleich zu ähnlichen elektrischen Komponenten sehr komplex herzustellen und damit teuer. Deswegen herrschen hier Punkt-zu-Punkt-Verbindungen vor.

Generell sind alle Verbindungstechniken bei Lichtwellenleitern deutlich komplexer als bei elektrischen Leitungen, da aus physikalischen Gründen der Durchmesser von Faserkern, -mantel und -beschichtung im Mikrometerbereich liegt und beide Seiten einer Verbindung exakt aufeinander ausgerichtet werden müssen [Eberlein2013].

Alle Lichtwellenleiter sind Isolatoren und werden durch elektromagnetische Induktion somit prinzipiell nicht beeinflusst. Ein Lichtwellenleiter entfaltet keine Antenneneigenschaften, unabhängig von der Länge. Sender und Empfänger sind jedoch elektronische Komponenten und müssen dementsprechend vor elektromagnetischer Fremdbeeinflussung geschützt werden.

Die Energieversorgung von Netzwerkkomponenten kann im Allgemeinen nicht über LWL-Verbindungen gewährleistet werden, sodass eine separate Stromversorgung zum Betrieb von optischen Datenverbindungen notwendig ist. Im Rahmen von Forschungsprojekten (z. B. OPTOWIND [KIT2013]) wird aktuell zwar die Möglichkeit der Versorgung von Kleinstverbrauchern wie einzelnen Sensoren in den Rotorblättern einer Windkraftanlage untersucht. Die Sicherstellung der Versorgung von vollständigen Logikbausteinen innerhalb eines Zuges erscheint derzeit nicht absehbar.

Die Integration einer Leitungskupplung für Lichtwellenleiter in eine Mittelpufferkupplung erscheint ebenfalls problematisch, da die Steckverbinder für LWL-Kabel generell sehr empfindlich gegenüber Verunreinigungen sind sowie wie oben beschrieben eine sehr hohe Passgenauigkeit auf beiden Seiten hergestellt werden muss. Auf dem Markt sind zwar Linsensteckverbindungen (*Expanded Beam Connectors*) verfügbar [Amphenol], die von den Herstellern als geeignet für den Einsatz in rauen Umgebungen, in erster Linie in Militäranwendungen, beworben werden. In der Literatur finden sich jedoch nur wenige unabhängige Berichte über den Einsatz dieser Stecker. Ein Bericht aus dem Jahr 2005 über den Einsatz von LWL-Kabel in einem Braunkohletagebau [Paus2005] beschreibt die Linsenstecker als so anfällig gegenüber Verschmutzungen, dass auf ihren Einsatz verzichtet werden musste.

Die Literatur beschreibt nur wenige Beispiele für den Einsatz von Lichtwellenleitern in Eisenbahnfahrzeugen. Der Einsatz dieses Übertragungsmediums im frei zusammenstellbaren Zugverband zwischen einzelnen Fahrzeugen ist in keiner Quelle belegt.

Der *MultifunctionVehicle Bus* (MVB) im Rahmen des *Train Communication Network* nach [IEC 61375-3] sieht die Verwendung von Lichtwellenleitern (*Optical Glass Fibre*, OGF) als ein mögliches Medium explizit vor. Mehrere Hersteller bieten MVB-Produkte mit einer OGF-Schnittstelle an [MEN-PP4], [Duagon-D212]. Der MVB ist für den Einsatz innerhalb eines Fahrzeugs oder eines festen Fahrzeugzusammenstellung konzipiert und sieht dementsprechend keine regelmäßigen Trennungsvorgänge der LWL-Steckverbinder vor.

2.2.1.3 Funkübertragung

Bei der Funkübertragung wird die Information in Form von elektromagnetischen Wellen kodiert, die mit Hilfe von Antennen abgestrahlt und empfangen werden.

Die maximale Reichweite hängt hauptsächlich von der Sendeleistung und der verwendeten Frequenz ab. Je nach System reicht sie von wenigen Zentimetern bis zu mehreren Kilometern. Der mögliche Durchsatz variiert zwischen wenigen Kilobit/s und mehreren Megabit/s.

Elektromagnetische Felder können die Datenübertragung über Funk stören. Somit sind auch hier Maßnahmen für den Schutz gegen Fremdbeeinflussungen notwendig. Einen Sonderfall stellt hier die Beeinflussung durch Sender/Empfänger des gleichen Systems dar (beispielweise Funkstrecken zwischen Fahrzeugen auf dem im Nachbargleis stehenden Zug). Ebenso wird die Leistungsfähigkeit der Funkstrecke durch die Anwesenheit von beliebigen Objekten und die Wettersituation (z. B. Luftfeuchtigkeit) zwischen den Antennen beeinflusst.

Die Energieversorgung von Netzwerkkomponenten muss über eine getrennte Leitung gewährleistet werden. Ebenso wie bei Lichtwellenleitern ist die Energieübertragung über Funk nach dem derzeitigen Stand der Technik nur für Kleinstverbraucher wie einzelne Sensoren praktikabel.

Eine Leitungskupplung ist bei dieser Art der Datenübertragung nicht notwendig. Stattdessen müssen eine oder mehrere Antennen auf den Fahrzeugen angebracht werden.

In der Literatur finden sich nur einzelne Beschreibungen von Systemen, die im Zugverband sicherheitsrelevante Aufgaben mit Hilfe von Funkübertragung realisieren. Dazu gehört beispielsweise die in Nordamerika verbreitete funkgestützte Zugintegritätsprüfung. Dabei erfasst ein Zugschlussgerät (*End of Train Device*, EOTD) verschiedene Parameter (z. B. Luftdruck in der Hauptluftleitung, Bewegungsprofil des Zugschlusses) und sendet diese über Funk an das Zugspitzengerät (*Head of Train Device*, HOTD), das vom Triebfahrzeugführer überwacht wird.

2.2.1.4 Überblick über die Merkmale der Übertragungsmedien

	elektrisch	optisch	Funk
Reichweite	$10^1..10^3$ m	$10^1..10^4$ m	$10^1..10^2$ m
Durchsatz	$10^3..10^9$ bit/s	$10^6..10^9$ bit/s	$10^3..10^7$ bit/s
Netztopologie	beliebig	Punkt-zu-Punkt-Verbindungen herrschen vor	Beliebig
Energie über Datenleitung	ja	nein	Nein
Beeinflussungsempfindlichkeit	hoch	gering	Hoch
Integration Mittelpufferkupplung	realisiert	unwahrscheinlich	nicht notwendig
Einsatz auf Eisenbahnfahrzeugen	regelmäßig	innerhalb eines Fahrzeugs (MVB)	Spezialanwendungen

Tabelle 8: Merkmale und Besonderheiten der Übertragungsmedien

2.2.2 Bestehende Systeme und Forschungsansätze

2.2.2.1 Train Communication Network (TCN)

Das *Train Communication Network* (TCN) ist eine Familie von internationalen Standards, die eine generische Netzwerkarchitektur für den Datenaustausch innerhalb eines Zuges beschreibt. Der Grundaufbau ist in stark vereinfachter Form in der Abbildung 7 dargestellt. Der Standard unterscheidet grundsätzlich zwischen dem *Train Backbone* (Zughauptleitung, blaue Linie in der Abbildung) und *Consist Networks* (Fahrzeuggruppennetze, grüne Linien). Ein *Consist Network* stellt ein in sich abgeschlossenes Netzwerk innerhalb eines Fahrzeuges oder eines Zuges dar und verbindet die einzelnen *End Devices* (ED, Endgeräte). Ein Endgerät kann eine beliebige Komponente des Fahrzeugs sein, die Informationen erzeugt oder empfängt. Endgeräte werden durch das TCN nicht näher spezifiziert. Der Informationsaustausch zwischen den *Consist Networks* wird über das Train Backbone bewerkstelligt, das aus untereinander verbundenen *Train Backbone Nodes* (TBN) besteht.

Abbildung 7: Grundlegende Architektur des Train Communication Network

Für das *Train Backbone* sind zwei Implementierungsvarianten spezifiziert: der *Wire Train Bus* (WTB, [IEC 61375-2-1]) und der *Ethernet Train Backbone* (ETB, [IEC 61375-2-5]). Im Fall des *Wire Train Bus* können bis zu 32 Knoten mit einer Kupferleitung (verdrilltes Aderpaar) verbunden werden. Die Parameter dieser elektrischen Leitung werden durch den Standard vorgegeben. Der Referenzzugverband, der WTB zu Grunde liegt, besteht aus 22 Fahrzeugen und ist ca. 570 m lang (der WTB ist für eine maximale Leitungslänge von 860 m ohne Repeater ausgelegt). Der Standard definiert die elektrischen Anforderungen an die verwendeten Kabel. Die Spezifikation der Steckverbindungen zwischen Fahrzeugen ist explizit den Benutzern des Standards überlassen. Der WTB stellt eine Bandbreite von 1 MBit/s zur Verfügung; die durch den Bus eingebrachte Latenz beträgt ca. 25 ms.

Wegen der Limitierung der Netzwerkknotenanzahl, der maximalen Bus-Länge und der damit verbundenen Signaldämpfung kann der aktuell bei Personenzügen verbreitete WTB für die zugweite, fahrzeugübergreifende Datenkommunikation bei langen Güterzüge zum Flaschenhals werden, insbesondere im Hinblick auf den zukünftig steigenden Informations- und Datenfluss. Derzeit werden neue Technologien, z. B. das Ethernet Train Backbone, erprobt.

Das Ethernet Train Backbone basiert auf den Ethernet-Spezifikationen des IEEE (insbesondere IEEE 802.3- und IEEE-802.1-Familie), die die meistverwendete Technologie zum Aufbau lokaler Rechnernetzwerke darstellen. Im Standard [IEC 61375-2-5] werden die Anforderungen und Einschränkungen für den Aufbau eines zugweiten Ethernet-Netzwerks definiert. Die maximale räumliche Ausdehnung eines Ethernet-Netzwerks wird durch den Standard nicht konkret vorgegeben. Stattdessen wird die maximale Länge der Leitung zwischen zwei Knoten durch ihre elektrischen Eigenschaften definiert, die je nach Verkabelungsart variieren. Da Ethernet kein Bussys-

Aktueller Stand der Technik

tem ist, sondern aus über einen Switch zusammengeschalteten Netzwerksegmenten besteht, können theoretisch beliebig viele solche Segmente aneinandergereiht werden. In der Praxis wird die maximale Netzwerk- und damit Zuglänge durch die Zahl der Netzwerkkomponenten, die mit Energie versorgt werden können, sowie durch die maximal zulässige Latenz begrenzt. Diese wird für die Prozessdaten, die zur Steuerung der sicherheitsrelevanten Zugfunktionen notwendig sind, auf maximal 20 ms festgelegt. Bei einer angenommenen Latenz eines einzelnen Netzwerksegments (Verbindung zwischen zwei Fahrzeugen) von 0,3 ms können bis zu 66 Netzwerksegmente zusammengeschaltet werden, was bei einer üblichen Fahrzeuglänge von 25-30 m einer Zuglänge von 1650-1980 m entsprechen würde. Die zur Verfügung gestellte Bandbreite beträgt 100 MBit/s.

Neben der physikalischen Verbindung definieren die WTB- und ETB-Standards auch das Kommunikationsprotokoll. Beiden Protokollen ist gemeinsam, dass sie zwischen verschiedenen Klassen von Daten unterscheiden.

Aus betrieblicher Sicht ist zu erwähnen, dass die TCN-Standards einen expliziten Initialisierungsmodus Train Inauguration (Zugtaufe) vorsehen, bei dem die aktuelle Zusammensetzung des Zugverbandes und damit des Netzwerks automatisch ermittelt und notwendige Netzwerkverwaltungsaufgaben wie die Adressvergabe ausgeführt werden. Die Train Inauguration muss bei jeder Änderung der Zugzusammensetzung durchgeführt werden.

IEC 61375 definiert lediglich ein Kommunikationssystem, in dessen Rahmen beliebige Informationen übertragen werden können. Weitergehende internationale Festlegungen zur Sicherstellung der Interoperabilität erfolgen durch die UIC im Merkblatt 556.

2.2.2.2 Electronically Controlled Pneumatics (ECP)

Electronically Controlled Pneumatics (ECP) ist ein Kommunikations- und Bremssystem für den Zugverband. Er wurde seit den 1990ern Jahren für die nordamerikanischen Güterbahnen entwickelt. Das primäre Entwicklungsziel von ECP war die Einführung eines elektronisch gesteuerten Bremssystems, das gegenüber der konventionellen Druckluftbremse ein besseres Verhalten im Hinblick auf die Ansprechzeit der Bremse besaß. Anders als bei der vergleichbaren europäischen ep-Bremse lag der

Fokus von Anfang an auf langen und schweren Güterzügen. Neben der Steuerung der Bremsen definieren die ECP-Spezifikationen Funktionen zur Überwachung des Zugzustandes (insbesondere eine Zugintegritätsprüfung) und Mehrfachsteuerung. ECP ist nach einer mehrjährigen Erprobungszeit in die AAR-Standardfamilie aufgenommen und durch die Federal Railroad Administration 2008 zugelassen worden. Züge, die mit ECP ausgerüstet sind, werden von BNSF Railways und Norfolk Southern betrieben. In Australien sind ebenfalls ECP-Systeme im Einsatz, unter anderem bei den 33.000 Tonnen schweren Erzzügen der Fortescue Railway. Die Beschreibung im Rahmen dieses Abschnitts konzentriert sich auf die Datenübertragungsverfahren, die bei ECP eingesetzt werden.

Ein integraler Bestandteil von ECP ist ein durchgehender Zugbus. Für den grundlegenden Aufbau dieses Busses verweist der ECP-Standard AAR S-4230 auf die US-Standards ANSI/EIA-709.1 und ANSI/EIA-709.2. Diese Spezifikationen entsprechen wiederum im Wesentlichen dem LonWorks-Industriestandard des Unternehmens Echelon, der in zahlreichen Einsatzfeldern, unter anderem in Gebäudeautomation verwendet wird und von verschiedenen Normungsorganisationen als Standard herausgegeben wurde. In Europa wurde LonWorks in der ISO/IEC 14908-Serie als Gebäudeautomationsstandard etabliert; die Funktionalität entspricht der ANSI/EIA-709-Serie. Im ersten Teil der Spezifikation (ANSI/EIA 709.1 bzw. [ISO14908-1]) wird das Kommunikationsprotokoll definiert, im zweiten Teil der Spezifikation (ANSI/EIA 709.1 bzw. [ISO14908-3]) wird die physikalische Verbindung beschrieben.

Der ECP-Bus ist für mindestens 180 Netzwerkgeräte spezifiziert und muss mindestens bis zu einer Länge von rund 3650 Meter (12000 Fuß) funktionsfähig bleiben. Der ECP-Standard definiert zahlreiche Arten von Netzwerkgeräten, unter anderem *Head End Unit* (Zugspitzengerät, HEU), *End of Train Unit* (Zugschlussgerät, EOT), *Power Supply Controller* (Netzteilsteuerung, PSC) und *Car Control Device* (Wagensteuergerät, CCD). Diese sind über eine elektrische Verbindung zusammengeschaltet (Abbildung 8). Sowohl die Energieversorgung als auch die Datenübertragung erfolgen über dieselbe Leitung. Die Versorgung erfolgt im Regelbetrieb mit 230 V Gleichspannung; der Standard schreibt eine Mindestnennleistung von 2500 W für das Netzteil vor. Die Bandbreite des Datenübertragungskanals beträgt ca. 5 kBit/s. Weiterhin definiert der ECP-Standard S-4210 die Beschaffenheit der Kabel und Steckverbinder für die Fahrzeuge. Eine automatische Kupplung dieser oder der pneumatischen Leitungen ist jedoch nicht vorgesehen.

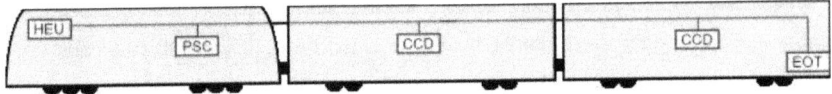

Abbildung 8: Grundlegender Aufbau des ECP-Busses

Der ECP-Standard definiert neben der physikalischen Verbindung auch das Kommunikationsprotokoll und die ausgetauschten Nachrichten [AAR-S-4230] sowie die funktionalen Anforderungen an das gesamte ECP-System [AAR-S-4200]. Die Nachrichten können verschiedenen Prioritäten zugeordnet werden. Hersteller können weitere Nachrichtentypen einführen; diese müssen jedoch bestimmten Bedingungen entsprechen. Das Protokoll verfügt über eine explizite Versionsverwaltung sowie Kompatibilitätsmechanismen für Nachrichten und Netzwerkgeräte, sodass es möglich ist, den Standard zu erweitern.

Das ECP-System sieht ebenso wie TCN einen speziellen Initialisierungsmodus (*Train Sequencing*) vor, der abschließend im AAR-S-4200-Standard beschrieben wird. Die Erkennung der Zugzusammensetzung und die Bestimmung der Bremsparameter werden dabei automatisch durchgeführt. Dieser Vorgang ist jedoch optional, um etwa den Mischbetrieb zu ermöglichen; die notwendigen Angaben werden dann von dem Triebfahrzeugführer manuell eingegeben.

2.2.2.3 Hybride Funknetzwerke

Der Einsatz von Funknetzwerken in Eisenbahnanwendungen ist in der Literatur nur vereinzelt nachgewiesen. Bei nordamerikanischen und australischen Bahnen ist zwar die funkbasierte Zugintegritätsprüfung im Einsatz, jedoch handelt es sich dabei um eine Punkt-zu-Punkt-Verbindung zwischen Zugschluss und Zugspitze. Bei dem im Rahmen dieses Projekts untersuchten Einsatz soll potenziell jedes Fahrzeug im Zugverband über eigene Sensoren und Geräte verfügen, die Informationen erzeugen und verarbeiten sollen. Um die Anzahl der Leitungen in einer etwaigen Leitungskupplung einer automatischen Kupplung zu minimieren, scheint es vorteilhaft, die Datenübertragung an den Kupplungen über Funk zu realisieren.

Der Aufbau eines solchen Netzwerkes in einem potenziell mehrere Kilometer langen Zug führt jedoch zu einigen Herausforderungen. Einerseits ist für die Kommunikation zwischen zwei benachbarten Fahrzeugen eine einfache, stromsparende Funktechnologie wie ZigBee oder ein anderes Nahfunksystem nach [IEEE 802.15.4] ausreichend, da die zu überbrückende Entfernung gering ist. Andererseits müssen in diesem Fall die Netzwerkknoten, die sich nahe an der Zugspitze befinden, alle Informationen der dahinterliegenden Knoten weiterleiten, was zu Überlastung einer solchen schmalbandigen Verbindung führen kann (Abbildung 9).

Abbildung 9: Funkdatenübertragung zwischen Fahrzeugen über Nahfunkstrecken

Eine Forschergruppe der University von Nebraska beschäftigt sich daher mit der Untersuchung von hybriden Netzwerken. Dabei werden innerhalb des Zuges Wagengruppen gebildet. Die Fahrzeuge innerhalb einer Gruppe kommunizieren mit Hilfe von ZigBee. Die Datenübertragung über Gruppengrenzen hinweg erfolgt mit Hilfe von Wireless LAN nach [IEEE802.11], das über eine höhere Reichweite, einen höheren Durchsatz und bessere Schutzmechanismen gegen Überlastung verfügt, dafür aber komplexer ist und mehr Energie verbraucht. Durch einen solchen Aufbau entsteht ein hierarchisches Netzwerk: die leistungsfähigeren Wireless-LAN-Verbindungen aggregieren so den Datenverkehr von mehreren Knoten (Abbildung 10). Die Zahl der Netzwerkknoten, die ein Paket passieren muss, wird durch einen solchen Aufbau ebenfalls reduziert, was die Latenz der Datenverbindung verringert.

Abbildung 10: Funkdatenübertragung mit einem hybriden Netzwerk

Die Forscher beschreiben in mehreren Arbeiten den Aufbau eines solchen hybriden Netzwerks und weisen die prinzipielle Funktionsfähigkeit und die Eignung für die Anforderungen von Eisenbahnbetrieb mit Hilfe von mathematischen Modellen nach [Mahasukhon2011], [Shreshta2013]. Die Ergebnisse erscheinen vielversprechend, jedoch wurde dieses Verfahren in der Praxis noch nicht erprobt. Zahlreiche technische Aspekte, die für den praktischen Betrieb relevant wären (etwa ein Initialisierungsalgorithmus, bei dem bestimmt wird, welche Knoten die Aggregationsfunktion übernimmt), sind noch nicht geklärt. Auch die wirtschaftliche Seite ist noch nicht vollständig beleuchtet. Insbesondere die Antwort auf die Frage, welcher Teil der Fahrzeuge mit zwei Funksendern (ZigBee und WLAN) ausgestattet werden müsste, dürfte für die Wirtschaftlichkeit entscheidend sein.

2.2.3 Feldbusse und Netzwerke in weiteren Einsatzfeldern

In der Literatur findet sich eine Vielzahl von Beschreibungen von sicherheitskritischen Systemen, insbesondere im Bereich der Industrieautomation, aber auch bei anderen Verkehrsträgern wie bei Kraftfahrzeugen, die auf einem Feldbus oder einem Netzwerk zum digitalen Datenaustausch aufbauen. Eine umfassende Übersicht liefert [Thomesse2005]. Besonders zu nennen ist der in allen Bereichen der Automation gegenwärtige CAN-Bus, der ebenfalls durch zahlreiche internationale Standards etabliert ist. So ist etwa die Kommunikation einer Zugmaschine mit bis zu drei Anhängern über den CAN-Bus durch ISO 11992 standardisiert, wobei ähnliche Aufgaben gelöst werden, wie im vorliegenden Projekt: Sicherstellung der Integrität der Fahrzeugverbandes, Bremssteuerung usw. Allerdings unterscheiden sich diese Ansätze von der Datenübertragungstechnik her nicht grundlegend von den auf die Eisenbahnanwendungen bereits zugeschnittenen Techniken aus den TCN- und ECP-Spezifikationen. Andererseits liefern sie auch keine Lösungsansätze für die bei TCN und ECP offenen Punkte wie die automatische Kuppelbarkeit bei widrigen Umgebungsbedingungen oder die Eignung für mehrere Kilometer lange Züge.

2.3 Wirtschaftliche Bewertung von Mittelpufferkupplungssystemen

2.3.1 Ausgangssituation und Zielsetzung

Nachdem mehrere wissenschaftliche Arbeiten zu dem Schluss gekommen sind, dass die Einführung einer (halb-) automatischen Kupplung im Schienengüterverkehr mit großen Vorteilen verbunden ist und sowohl betriebs- als auch volkswirtschaftliche Vorteile ermitteln ohne dabei vertieft die Auswirkungen des Einsatzes einer automatischen Kupplung auf die Leit- und Sicherungstechnik zu analysieren und zu bewerten, liegt der Schwerpunkt dieser Arbeit genau darin. Dabei sollen betriebs- und volkswirtschaftliche Nutzen ermittelt werden, um sowohl EIU als auch EVU zu zeigen, welche Nutzwerte bisher nur unzureichend in Bewertungen eingegangen sind.

2.3.2 Bewertungsverfahren

Da kein Gemeinwesen oder Unternehmen mit unbegrenzten finanziellen Mitteln ausgestattet ist, um alle wünschenswerten Projekte zu finanzieren und zu realisieren, müssen auch verkehrliche Projekte einer Wirtschaftlichkeitsuntersuchung unterzogen werden.

Nutzen-Kosten-Untersuchungen stellen die gesamtwirtschaftliche Bedeutung von Investitionen dar, indem sie sowohl technische und betriebswirtschaftliche Kriterien als auch Auswirkungen auf die Allgemeinheit und die Umwelt beurteilen. Eine Nutzen-Kosten-Untersuchung kann Antworten auf die Fragen geben, ob das untersuchte Projekt gesamtwirtschaftlich vorteilhaft ist (absolute Vorteilhaftigkeit), welche Variante des Projektes die gesamtwirtschaftlich vorteilhafteste ist (Maßnahmenauswahl) und in welcher Reihenfolge best. Maßnahmen umgesetzt werden sollen (Maßnahmenreihung).

Es gibt mehrere Verfahren für Nutzen-Kosten-Untersuchungen, die sich darin unterscheiden, ob Nutzen und Kosten monetär oder nicht monetär in die Bewertung eingehen. Gemeinsam sind den Verfahren folgende Punkte:

- Es werden Kosten- und Nutzenkomponenten gegenübergestellt.
- Positive und negative Nutzen haben Auswirkungen, die z. T. nicht direkt messbar sind.
- Die gesamtwirtschaftliche Bewertung erfolgt mit Hilfe eines Beurteilungsindikators, in den quantitativ messbare und qualitativ erfassbare Größen eingehen.

Im Folgenden werden drei unterschiedliche Verfahren kurz beschrieben.

2.3.2.1 Nutzwertanalyse

Die Nutzwertanalyse ist eine quantitative nicht-monetäre Analysemethode, die Kosten und Nutzen in nicht-monetarisierter Form gegenüberstellt. Eine Nutzwertanalyse beschreibt der Ökonom C. Zangemeister als „Analyse einer Menge komplexer Handlungsalternativen mit dem Zweck, die Elemente dieser Menge entsprechend den Präferenzen des Entscheidungsträgers bezüglich eines multidimensionalen Zielsystems zu ordnen. Die Abbildung der Ordnung erfolgt durch die Angabe der Nutzwerte (Gesamtwerte) der Alternativen" [Zangemeister1976].Die Bewertung in nicht-monetären Einheiten, Z. B. einer Punkteskala, ermöglicht eine Gewichtung unter Einbeziehung von Zielkriterien unterschiedlicher Dimensionen. Mit dieser Methode können somit auch nicht bzw. nur schwer monetarisierbare Nutzen und Kosten berücksichtigt werden.

2.3.2.2 Kosten-Wirksamkeits-Analyse

Die Kosten-Wirksamkeits-Analyse ist eine Analysemethode, die monetarisierten Kosten nicht-monetarisierten Nutzenwerte gegenüberstellt. Dabei kann eine Gewichtung der nicht monetarisierten Einheiten, i. d. R. mit Hilfe einer Punkteskala, erfolgen.

2.3.2.3 Nutzen-Kosten-Analyse

Die Nutzen-Kosten-Analyse stellt die Kosten und Nutzen gegenüber, die in monetären Größen vorhanden sind. Die Nutzen-Kosten-Analyse weist somit die gesamtwirtschaftliche Vorteilhaftigkeit nach sowie reiht die mehrere Maßnahmen einer Alternative mit dem Ziel der volkswirtschaftlichen Nutzenmaximierung.

Maßnahmen mit einem positiven Nutzen-Kosten-Verhältnis über 1,0 sind gesamtwirtschaftlich sinnvoll, da in diesem Fall die Nutzen die Kosten übersteigen.

2.3.3 Bisherige Bewertungen von MPK-Systemen

2.3.3.1 Edgar Salin: Die Automatische Mittelpufferkupplung

In seinem Werk „Die Automatische Mittelpufferkupplung"[Salin1966] stellt der Wirtschaftswissenschaftler und Mitgründer der Prognos AG, Basel, Edgar Salin, Anfang der 1960er Jahre die Frage nach Zweckmäßigkeit oder Notwendigkeit einer Umstellung des europäischen Wagenparks auf eine (halb-) automatische Mittelpufferkupplung nach dem Vorbild der USA und der damaligen Sowjetunion. Salins Schwerpunkt liegt dabei auf einer Kostenermittlung- und Kostenschätzung einer Umrüstung bzw. Umstellung des Wagenparks in zwei Szenarien: Einem Progressivverfahren, bei dem sich die Umrüstung und Mischbetrieb der Wagen auf einen Zeitraum von 1968 bis 1990 erstreckt [Salin1966] und einem Simultanverfahren, bei dem während eines Vorbereitungszeitraumes von 7 Jahren alle neueren Wagen auf eine automatische

Mittelpufferkupplung vorbereitet werden und dann zu einem bestimmten Tag X in einer einwöchigen Umrüstphase auf diese Kupplung umgebaut werden[Salin1966, S. 60]. Salin kommt – ohne seine umfangreichen Berechnungen einer genaueren Bewertung zu unterziehen zum Schluss, dass eine Umstellung akut notwendig sei und stellt die Frage warum der Übergang zur Automatik nicht längst vollzogen sei [Salin1966].

Eine Untersuchung hinsichtlich der Auswirkung einer automatischen Kupplung auf die Leit-und Sicherheitstechnik ist in Salins Werk nicht enthalten.

2.3.3.2 Bernhard Sünderhauf: Die Automatische Mittelpufferkupplung

„Die Automatische Mittelpufferkupplung – Voraussetzung für eine Automatisierung des Schiene-Güterverkehrs in Europa" [Sünderhauf2009] ist eine 2009 entstandene Kosten-Nutzen-Analyse von Prof. Bernhard Sünderhauf. Mit seiner Analyse möchte er den wirtschaftlichen Nutzen einer automatischen Mittelpufferkupplung im Güterverkehr aufzeigen unter der Prämisse eines zu erwartenden starken Wachstums im Güterverkehr insgesamt und der Notwendigkeit der Erhöhung der Leistungsfähigkeit des Schienengüterverkehrs [Sünderhauf2009].

Ausgehend von einer Analyse der Wettbewerbsfähigkeit des Schienengüterverkehrs führt Prof. Sünderhauf eine Kostenanalyse des Einbaus bzw. Umrüstens einer automatischen Mittelpufferkupplung (C-AKv) im deutschen Schienengüterverkehr durch, der sich eine umfangreiche Nutzenanalyse anschließt, bei der nach betriebswirtschaftlichen und volkswirtschaftlichen Nutzen differenziert wird. Prof. Sünderhauf stellt abschließend fest, dass die Investitionskosten einer Umrüstung des Güterwagenparks auf eine automatische Mittelpufferkupplung durch Automation der Betriebsabläufe einen erheblichen Rationalisierungsvorteil erhalten wird, dessen betriebs- und volkswirtschaftliche Erträge die Investitionskosten bei weitem übertreffen.

Auf Auswirkungen auf bzw. Möglichkeiten für die Leit- und Sicherheitstechnik geht Prof. Sünderhauf nicht ein, weißt jedoch auf darauf hin, dass durch einen Automatisierungsschub im Schienengüterverkehr weitere Innovationen mit hohem Nutzen angestoßen werden können, z. B. in der Telematik [Sünderhauf2009].

2.3.3.3 Helge Stuhr: Untersuchung von Einsatzszenarien einer automatischen Mittelpufferkupplung

Das neueste Werk zum Thema Mittelpufferkupplung ist mit der Dissertation von Helge Stuhr „Untersuchung von Einsatzszenarien einer automatischen Mittelpufferkupplung" [Stuhr2013] ein umfangreiches. Ausgehend von der Analyse der Einschränkungen und Restriktionen der UIC-Schraubenkupplung beleuchtet diese Arbeit die Entwicklungsgeschichte automatischer und halbautomatischer Kupplungssysteme, definiert zu untersuchende Teilbereiche des Schienengüterverkehrs und entwickelt ein Bewertungsverfahren zur Bestimmung von Nutzwerten. Daran schließt sich die Bestimmung der Nutzwerte und die eigentliche Bewertung sowie eine Auswertung der Ergebnisse an.

Stuhrs Bewertungsverfahren basiert darauf, für bestimmte Anwendungsbereiche potenzielle Einsatzfelder bzw. Marktsegmente im Schienengüterverkehr zu definieren, die sich u. a. anhand best. festgelegter Kriterien – z. B. Transportdauer, Flexibilität, Zuverlässigkeit, Ladungsanforderungen – voneinander unterscheiden. Für diese vier entworfenen Szenarien vergibt Stuhr für jedes Kriterium technischen Merkmalen Punkte, worauf er als Ergebnis seiner Nutzwertanalyse eine Zielmatrix mit Gesamtnutzwerten erhält.

Als Kritik an der eigenen Bewertungsmethode führt Stuhr selbst die Abhängigkeit der Bewertungsergebnisse von den Szenarien an und listet daran anschließend noch einige weitere mögliche Kritikpunkte auf, z. B. die bei dieser Vorgehensweise z. T. nicht beachtete oder nicht genau ermittelte Wirkung von längeren Zügen auf die Netzkapazität.

Stuhrs Erkenntnis ist, dass eine automatische Kupplung mit hoher Komplexität, aber auch großen Vorteilen als langfristiges Ziel zu empfehlen ist, da diese Kupplungsvarianten zu Kapazitätssteigerungen auf dem Schienennetz führen können. Allerdings rechnet Stuhr bei diesen komplexen und vergleichsweise teureren Systemen mit großen Widerständen bei der Einführung.

Als abschließende Empfehlung nennt Stuhr u. a. die detailliertere Untersuchung der möglichen Auswirkungen auf die Netzkapazität sowie die Quantifizierung bzw. Monetarisierung der Nutzerkriterien.

Wirkungen, die beispielsweise eine automatische Kupplung mit durchgehender elektrischer Leitung für die Leit- und Sicherungstechnik haben könnte, untersucht Stuhr nicht weiter.

2.4 Zusammenfassung des Entwicklungsstandes

Seit der Einführung der Schraubenkupplung im 19. Jahrhundert wurden weltweit zahlreiche Mittelpufferkupplungssysteme entwickelt und eingeführt. Dabei lassen sich zwei Entwicklungsszenarien unterscheiden:

- Umfassende Migration hin zu einer technologisch relativ einfachen Lösung. Nach dem erfolgreichen Abschluss der Migration erfährt die eingeführte Lösung nur geringe Weiterentwicklungen. Beispiele für dieses Szenario sind die Einführung der Janney-Kupplung in den USA am Anfang des 20. Jahrhunderts und die Einführung der SA-3-Kupplung auf dem Gebiet der damaligen Sowjetunion Mitte des 20. Jahrhunderts. Von der grundlegenden Funktionalität her befinden sich beide Systeme auf dem Niveau bis heute auf dem Stand der 1900er bzw. 1930er Jahre.

- Migration zu einer Insellösung in abgeschlossenen Märkten (ausgewählte Teilnetze, Unternehmen oder Fahrzeugbaureihen). Die Weiterentwicklung der Technologie (z. B. Einführung oder Erweiterung einer Leitungskupplung) kann dabei schrittweise und je nach Bedarf in den einzelnen Märkten erfolgen. Die Funktionalität kann so lange angepasst und erweitert werden, bis die Anforderungen an Interoperabilität kritisch werden. Beispiele für dieses Entwicklungsszenario sind die Einführung der zahlreichen Varianten der Scharfenberg-Kupplung im Schienenpersonenverkehr und die Einführung der C-AKv-Kupplung auf einzelnen Güterverkehrsrelationen. Bei beiden Systemen ist die mechanische Kupplung weitestgehend standardisiert, während die elektrischen Leitungsverbindungen bisher nicht genormt sind.

Die Auswirkungen auf die Leit- und Sicherungstechnik spielten bei den Gründen für die Umstellung auf eine Mittelpufferkupplung allenfalls eine untergeordnete Rolle. Die hauptsächlichen Treiber waren die Verbesserung der Arbeitssicherheit im Rangierbetrieb und die Erhöhung der Effizienz des Betriebs.

Eine Kernvoraussetzung für die Realisierung von LST-Anforderungen ist in diesem Kontext das Vorhandensein einer signaltechnisch sicheren Datenverbindung im Zugverband. Entsprechende Datenübertragungstechnologien sind vorhanden und teilweise schon – unabhängig von dem Kupplungssystem – erfolgreich im Eisenbahngüterverkehr eingeführt. Ein Beispiel dafür ist der amerikanische ECP-Standard.

Die vorhandenen wissenschaftlichen Arbeiten zur wirtschaftlichen Bewertung der Einführung einer Mittelpufferkupplung im SGV sagen unabhängig von dem Untersuchungsansatz sowohl betriebs- als auch gesamtwirtschaftliche Vorteile voraus. Die bevorstehende Einführung des europäischen Zugbeeinflussungssystems ETCS oder andere Innovationen, die in Zusammenhang mit der Leit- und Sicherungstechnik stehen, war in den bisherigen Untersuchungen nicht detailliert berücksichtigt. Auch lag der Schwerpunkt bzw. die Perspektive der Untersuchungen meist auf Wirkungen, die ein automatisches Kupplungssystem für EVU haben kann.

Unter den heutigen Rahmenbedingungen mit getrenntem Betrieb und Infrastruktur ist ein Bewertungsansatz, der neben der gesamtwirtschaftlichen Vorteilhaftigkeit sowohl die Perspektive der EVU als auch die der EIU (mit Betrieb der Leit- und Sicherungstechnik als einer der Kernaufgaben) berücksichtigt, notwendig. Die Vielzahl der LST-verwandten Anwendungen, die nach dem Stand der Technik zusammen mit der Einführung einer Mittelpufferkupplung technisch realisierbar erscheinen, stellt dabei ein erhebliches positives Nutzenpotenzial in Aussicht.

3 Anforderungen an eine Mittelpufferkupplung

3.1 Grundlegende Annahmen

In diesem Kapitel werden ausgehend von einer angestrebten umfassenden Einführung der MPK im Schienengüterverkehr die Anforderungen an eine selbige definiert. Keine der bisher vorhandenen MPK-Typen erfüllt alle dieser Anforderungen, weshalb die einzuführende MPK eine Neuentwicklung oder eine Weiterentwicklung eines bereits existierenden Kupplungstyps sein wird. Im Folgenden wird für diesen neuen Typ der MPK der Begriff MPK+ verwendet.

Als zukünftige maximale Zuglänge für einen Güterzug im europäischen Raum wird von 4096 m ausgegangen, da das europäische Zugsicherungssystem ETCS Zuglängen bis zu dieser Länge vorsieht [Deutsche Bahn AG2010].

3.2 Kupplungsaufbau

3.2.1 Mechanischer Aufbau

3.2.1.1 Kräfte, Kupplungstyp

Die MPK+ muss mechanisch so aufgebaut sein, dass sie Zugkräfte von mindestens 1000 kN sowie Druckkräfte von mindestens 2000 kN im Regelbetrieb übertragen kann. Diese Werte entsprechen der C-AKv.

Die MPK+ muss als starre Kupplung (ohne vertikales Spiel zwischen den Kupplungsflächen) ausgeführt sein.

3.2.1.2 Festigkeit gegenüber äußeren Einflüssen

Die MPK+ muss so entworfen und ausgeführt sein, dass äußere Einflüsse wie Außentemperatur, Niederschläge, Staub die Funktionsfähigkeit möglichst nicht beeinträchtigen. Insbesondere gilt diese Anforderung auch im ungekuppelten Zustand. Die MPK+ im ungekuppelten Zustand (z. B. an der Zugspitze oder bei einem abgestellten Fahrzeug) muss im Regelbetrieb ohne gesonderte Schutzeinrichtungen wie Abdeckklappen, ohne spezielle Reinigungsvorgänge sowie ohne Kupplungsheizung betrieben werden können.

3.2.1.3 Kuppel- und Entkuppelvorgänge

Der Kuppelvorgang muss automatisch durch das Zusammendrücken der Kupplungsvorrichtungen zweier Fahrzeuge erfolgen. Die zulässige Geschwindigkeitsspanne für das Kuppeln muss so gewählt sein, dass Kupplungsvorgänge sowohl bei geringen Geschwindigkeiten beim Beidrücken (ca. 2 km/h) als auch bei höheren Geschwindigkeiten beim Auftreffen von Fahrzeugen in den Richtungsgleisen eines Rangierbahnhofs beim Ablaufenlassen (ca. 15 km/h) im Regelbetrieb möglich sind.

Der Entkuppelvorgang muss manuell und ohne zusätzliche Energieversorgung durchgeführt werden können. Die Bedienelemente zur Entkupplung (Hebel o. Ä.) müssen so angebracht sein, dass deren Bedienung im Regelbetrieb ohne Aufenthalt in dem Raum zwischen den gekuppelten Fahrzeugen erfolgt.

Eine automatische Entkupplung von Fahrzeugen, d. h. fernauslösbar vom Tfz, von außerhalb unmittelbar am Zug oder sogar vom Stellwerk aus, kann vorgesehen werden. Die Kompatibilität zwischen den automatisch entkuppelbaren und manuell entkuppelbaren Ausführungen muss gewährleistet sein. Die konkrete Ausführung des Systems (z. B. pneumatisch, elektrisch) ist in einer späteren Phase außerhalb dieses Projekts zu spezifizieren.

3.2.1.4 Kupplungssensor

Die Kupplung muss mit einem Kupplungssensor ausgestattet sein, der zur Überwachung des Kupplungszustandes erforderlich ist. Anhand des Sensors muss erkannt werden können, ob das jeweilige Fahrzeug mit einem anderen Fahrzeug (korrekt) gekuppelt ist oder nicht.

3.2.1.5 Kompatibilität

Eine Gemischtzugkupplung, die die mechanische Kompatibilität mit Fahrzeugen gewährleistet, welche nur mit einer Schraubenkupplung ausgerüstet sind, muss vorgesehen sein. Die Auslegung der Gemischtzugkupplung muss so erfolgen, dass die anerkannten Standards für die Schraubenkupplung erfüllt werden. Die Ausrüstung eines Fahrzeugs mit der MPK+ muss mit dem Einbau von Seitenpuffern für die Anwendung der Gemischtzugkupplung kompatibel sein.

Die MPK+ muss mit den Anforderungen des UIC-Merkblatts 530-1 (Einbaurahmen für die automatische Kupplung) kompatibel sein.

Die MPK+ soll mechanisch kompatibel mit der SA-3-Kupplung sein.

3.2.2 Leitungskupplungen

3.2.2.1 Allgemeine Anforderungen

Alle Leitungskupplungen der MPK+ müssen unter den Bedingungen im Regelbetrieb funktionsfähig sein, die im Abschnitt 3.2.1 beschrieben sind, insbesondere:

- Festigkeit gegenüber Umwelteinflüssen (z. B. Temperaturen, Schmutz, Staub)
- Kuppelbarkeit mit einer Auflaufgeschwindigkeit von ca. 12 km/h [TSI2006]
- Kompatibilität mit anderen Kupplungssystemen bzw. Gemischtzugkupplungen

3.2.2.2 Pneumatische Kupplungen

Die MPK+ muss mit einer automatischen pneumatischen Leitungskupplung ausgestattet sein, die an die Hauptluftleitung (HLL) der Druckluftbremse angeschlossen ist.

Die MPK+ sollte mit zwei automatischen pneumatischen Leitungskupplungen ausgestattet sein, wobei die zweite Kupplung an die Hauptluftbehälterleitung (HBL) der Druckluftbremse angeschlossen ist.

Die Ausführungen mit einer und zwei pneumatischen Leitungskupplungen müssen untereinander kompatibel sein.

Falls eine automatische Entkupplung vorgesehen ist und diese pneumatisch erfolgt (s. Abschnitt 3.2.1.3), muss eine Leitungskupplung für die Entkuppelleitung vorgesehen sein.

3.2.2.3 Elektrische Kupplung

Die MPK+ muss mit einer automatischen Kupplung für eine mehradrige elektrische Leitung ausgestattet sein.

Die Kontakte der Kupplung müssen wie folgt belegt sein:

- Kontakt 1: Zugsammelschiene
- Kontakte 2 bis 6: Ethernet-Leitungen (TX+, TX-, RX+, RX-, GND)

Die Zugsammelschiene (typischerweise 1 kV Wechselspannung [Janicki2008]), muss erforderlichenfalls mit einem Berührungsschutz ausgestattet sein.

Die elektrische Leitungskupplung muss den Anforderungen für die physikalische Schicht einer Ethernet-Verbindung nach IEC 61375-2-5 (Ethernet Train Backbone) entsprechen.

3.2.3 Energieversorgung

Die Verbraucher innerhalb des MPK+-Systems werden über die Zughauptleitung versorgt. Für eine Unterbrechung der Energieversorgung, z. B. aufgrund von Schaltstellen, ist der Verbrauch durch eine minimale Pufferung der Batterie im Triebfahrzeug abgedeckt. Die benötigte Leistungskapazität entspricht den eingesetzten elektronischen Geräten. Eine genaue Dimensionierung der Batterie ist deshalb im Rahmen einer detaillierten Spezifikation vorzunehmen.

Mit dem zusätzlichen Einsatz eines Akkumulators (Akku) in jedem Fahrzeug wären folgende Vorteile verbunden:

- Energiereserve für die Betriebszustände ohne Energieversorgung bzw. bei nicht ausreichender Energieversorgung
- Dämpfung von Spannungsspitzen zum Schutz empfindlicher elektronischer Bauteile [Reuss2013]

Demgegenüber stehen als Nachteile zusätzlich entstehende Kosten und ein komplexeres System. Aus folgenden Gründen kann für die Mindestspezifikation (siehe Abschnitt 4.2) auf die Verwendung eines Akkumulators im MPK+-System verzichtet werden:

Die Überbrückung von Versorgungsunterbrechungen ist aus Sicherheitsgründen nicht nötig, da die Unterbrechung der Energieversorgung wie eine Trennung des Zugverbandes behandelt wird und zum Verlust der Zugintegrität führt. Weiterhin ist aus betrieblicher Sicht für ein vom Zugverband getrenntes Fahrzeug oder eine Fahrzeuggruppe im Rahmen dieses Projekts kein Anwendungsfall vorgesehen.

Bei den Funktionen der Mindestspezifikation herrscht eine kontinuierliche Kommunikation zwischen Zugspitzengerät (HED) und den Endgeräten der anderen Fahrzeuge im Zugverband. Das bedeutet einen annähernd konstanten Verbrauch der vorhandenen Elektrogeräte während des Betriebs. Deshalb ist eine Abdeckung des Defizits zwischen der Versorgung und dem Verbrauch nicht vorgesehen.

Weitere über die Mindestspezifikation hinausgehende Funktionen können jedoch die Ausstattung der Fahrzeuge mit einem Akkumulator erfordern. In diesem Fall sind die folgenden Anforderungen zu berücksichtigen. Der Akkumulator muss bei Versorgung über die Zughauptleitung automatisch geladen werden. Der Zustand des Akkumulators muss hinsichtlich der Betriebstemperatur, des Ladezustands (State of Charge, SoC), Gesundheitszustands (State of Health, SoH) und anderen relevanten Betriebsparametern überwacht werden, die auf die Funktionsfähigkeit des Akkumulators einen Einfluss haben. Die Unterschreitung der definierten Grenzwerte der Betriebsparameter muss in geeigneter Weise gemeldet werden. Es sind für jeden Parameter zwei Grenzwerte zu definieren:

- Meldegrenzwert: Bei Erreichen dieses Grenzwertes erfolgt eine Meldung. Dieser Grenzwert ist so zu wählen, dass die Funktionsfähigkeit des MPK+-Systems für eine Zeitspanne nach der Unterschreitung solange sichergestellt ist, dass eine Aufladung oder der Austausch des Akkumulators im Rahmen des Regelbetrieb möglich sind.
- Grenzwert für die bevorstehende Abschaltung: Bei Erreichen dieses Grenzwertes kann nicht von einer ordnungsgemäßer Funktion des MPK+-Systems ohne ZS-Versorgung ausgegangen werden.

Der Mechanismus der Benachrichtigung über Energieversorgungsparameter ist Gegenstand der detaillierten funktionalen Spezifikation.

Für die Verbraucher sind zwei Betriebsmodi vorzusehen:

- Regelbetriebsmodus (aktiv bei Versorgung über die Zughauptleitung), in dem alle Funktionen uneingeschränkt zur Verfügung stehen.
- Energiesparmodus (aktiv bei unterbrochener Versorgung über die Zughauptleitung), in dem einzelne Funktionen abgeschaltet werden können, um den Energieverbrauch zu minimieren.

Die Umschaltung muss automatisch nach einem definierten Zeitraum ohne Versorgung über die Zughauptleitung erfolgen. Die Zuordnung der einzelnen Funktionen zu den Betriebsmodi ist Gegenstand der detaillierten funktionalen Spezifikation.

Zur Einhaltung der erforderlichen Betriebsparameter für die eingesetzten Steuergeräte ist eine passive Klimatisierung vorgesehen. Die genaue Kühlungs- bzw. Erwärmungsstrategie ist abhängig von den verwendeten Elektrogeräten sowie Umgebungsbedingungen und deshalb Gegenstand der detaillierten funktionalen Spezifikation in einer späteren Phase außerhalb dieses Projekts.

3.2.4 Serviceschnittstelle

Es ist eine Serviceschnittstelle für Diagnose- und Wartungsaufgaben am MPK+-System vorzusehen. Die Serviceschnittstelle muss unabhängig von der Energieversorgung über die Zugsammelschiene funktionsfähig sein. Eine Energieversorgung des MPK+-Systems ist somit Bestandteil der Serviceschnittstelle.

Die genaue Ausführung der Serviceschnittstelle ist Gegenstand der detaillierten funktionalen Spezifikation. Es wird jedoch der Einsatz von Power over Ethernet (PoE) empfohlen.

Für jede Komponente des MPK+-Systems ist dabei neben der Funktionalität die Komponente die Funktionen der Serviceschnittstelle zu definieren.

3.3 Kommunikation im Zugverband

3.3.1 Netzwerkaufbau

Die grundlegende Netzwerkstruktur entspricht dem IEC-61375 Modell. Jedes Fahrzeug ver-fügt über ein Netzwerk, welches die Endgeräte (End Devices) miteinander verbindet (Consist Network). Die Fahrzeuge sind über das Train-Backbone-Netzwerk miteinander verbunden, das aus den Train-Backbone-Knoten (Train Backbone Node, TBN) besteht. Die TBNs über-nehmen für die Kommunikation zwischen den verschiedenen Endgeräten das Leiten der Datenströme.

Je nach vorgesehener Anwendung können verschiedene Endgeräte auf den Fahrzeugen installiert sein. Gemäß der Mindestspezifikation (siehe Folgekapitel 4) sind mindestens folgende Endgeräte vorhanden:

- Zugspitzengerät (Head End Device, HED): Dieses Gerät ist auf dem Fahrzeug an der Zugspitze installiert und mit der dortigen ETCS-Fahrzeugeinrichtung verbunden.

- Fahrzeugdatengerät (Vehicle Information Device, VID): Dieses Gerät ist auf jedem Fahrzeug installiert und enthält Informationen über das Fahrzeug. Das VID muss mindestens die Informationen über die UIC-Fahrzeugnummer sowie die Fahrzeuglänge in Metern bereitstellen können.
- Kupplungssensor (Coupler Monitor Device, CMD): Zwei Kupplungssensoren sind auf jedem Fahrzeug zur Überwachung des Kupplungszustandes installiert. Genau ein CMD pro Zug muss als Zugschluss-CMD definiert werden.

Die folgende Abbildung fasst den beschriebenen Netzwerkaufbau überblicksartig zusammen:

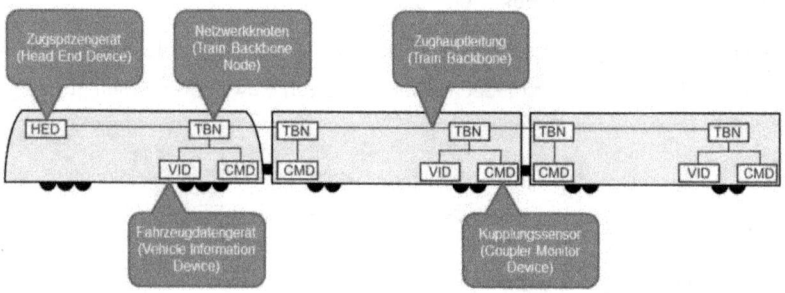

Abbildung 11: Systemüberblick Mindestspezifikation

3.3.2 Kommunikationstechnologie

Übertragungsmedien:

Da die Wechselwirkungen, zwischen den einzelnen elektrischen oder elektromagnetischen Geräten bzw. ihrer Umgebung, für einen Kabelleiter leicht durch entsprechende Abschirmung innerhalb der Grenzwerte zu halten sind, wird für die Datenkommunikation des MPK+-Systems ein elektrischer Leiter gewählt.

Nach dem heutigem Stand der Technik stellt die Verlegung und Installation des Lichtwellen-leiters (LWL) keine Schwierigkeiten mehr dar. Einige moderne RBS-Glasfasern kann man sogar, ohne das Dämpfungsverluste auftreten, auf einer Länge von wenigen Zentimetern um 90° knicken [Kuther2011]. Im Vergleich zum Kupferkabel hat der LWL jedoch folgende Nachteile:

- Hoher Konfektionierungsaufwand
- Empfindlichkeit gegen Schmutz an der Kuppelstelle
- Empfindlichkeit gegen mechanische und thermische Belastungen

Aufgrund der potentiellen Einflüsse der starken Elektromagnetischen Felder (EMF) der Ober-leitung bzw. des Triebrückstroms auf den Schienen soll hier ein Koaxialkabel zum Einsatz kommen. Somit wirken die äußeren EMF immer gleichmäßig auf die beiden Leitungen, was die Störanfälligkeit mindert.

Netzwerktopologie:

Aufgrund der geringen Störanfälligkeit und des niedrigeren Verdrahtungsaufwandes ist eine lineare Bustopologie zu wählen.

Medienzugriffssteuerung:

Wenn mehrere Netzwerkknoten über ein gemeinsames Medium miteinander zu verbinden sind, muss gewährleistet sein, dass während des Sendens nur eine Botschaft auf dem Bus aktiv ist. Damit dies der Fall ist, stellt die Medienzugriffssteuerung sicher, dass keine Kollisionen auf dem Datenbus stattfinden. Beim deterministischen Medienzugriffsverfahren wird nach einem vordefinierten Schema das Zugriffsrecht der Netzwerkknoten festgelegt.

Da beim zufälligen Medienzugriffsverfahren der Austausch der Daten nur bei Bedarf stattfindet, hat der Bus hier, im Vergleich zum deterministischen Medienzugriffsverfahren, im Allgemeinen eine niedrigere Belastung. Die Knoten sind dabei nur dann berechtigt auf den Bus zuzugreifen, wenn dieser gerade frei ist. Zudem ist i. A. zwischen kollisionsfreien Verfahren und nicht-kollisionsfreien Verfahren zu unterscheiden.

Beim kollisionsfreien Verfahren werden priorisierte Nachrichten verwendet, denen durch Bit- Arbitrierung das Buszugriffsrecht erteilt wird (Carrier Sense Multiple Access/Collision Avoidance, kurz: CSMA/CA). Die Identifier (ID) der Netzwerkknoten kann während der Zugtaufe (Netzwerk-Initialisierung, siehe 3.6.1.1) dynamisch vergeben werden. Damit die Nachrichten mit höherer Priorität ungestört zugestellt werden können, werden beim Sendeversuch die IDs der Busteilnehmer miteinander verglichen.

Das gängige kollisionsfreie Verfahren ist das CAN-Bus-Verfahren. Wie in Kapitel 2.2.3 erwähnt, gibt es bereits zahlreiche erfolgreiche Anwendungsbeispiele im Bereich der Landmaschinen und NKW, deren Einsatzgebiet dem der Eisenbahnfahrzeuge, bei welchen die MPK+ vorgesehen sind, sehr ähnelt. Außerdem befindet sich der CAN-Bus wegen der im Markt verfügbaren zahlreichen Sensoren, Steuergeräte in einem „großes Spielfeld".

Einen weiteren großen Vorteil hat der CAN-Bus jedoch aufgrund seines spezifischen Zugriffsverfahrens, durch welches die priorisierten Nachrichten immer deterministisch sind. Dies ist beim sicherheitsorientierten Datenaustausch wie z. B. der ständigen Kommunikation der Zugintegritätsüberwachung von wesentlicher Bedeutung.

Das Datentelegram der CAN-Nachrichten besteht aus einem Bestätigungsfeld und 6 weiteren Frame-Feldern. Der Empfänger, der die gesendete Nachricht fehlerfrei empfangen hat, sendet im ACK-Slot des Bestätigungsfeldes ein dominantes Bit und „überschreibt" das rezessive Bit, das vom Sender gesendet wurde. So ist der Sender darüber informiert, dass die Nachricht erfolgreich und fehlerfrei zugestellt worden ist. Dem zu Folge nimmt die Kommunikationsgeschwindigkeit mit zunehmender Busausdehnung deutlich ab [Reif2011], was einen entscheidenden Nachteil beim Can-Bus stellt.

Auf der Datenübertragungsschicht kann ebenfalls Ethernet verwendet werden. Ethernet arbeitet nach dem Carrier Sense Multiple Access/Collision Detection - Verfahren (kurz: CSMA/CD). Beim Erkennen einer Kollision wiederholen die Netzwerkknoten nach ihrer spezifischen Wartezeit den Sendevorgang. Der Nachteil an diesem Verfahren ist, dass der Sendevorgang bei einer Kollision wieder von vorne beginnen muss, was Zeit kostet. Deshalb besteht in der Regel nur eine statistisch begründete Aussagefähigkeit, ob und wann ein Buszugriff zum Erfolg führen wird. Dies führt zu einer langen Wartezeit, falls der Bus durch zusätzliche Funktionen außerhalb der Mindestspezifikation überlastet ist.

Auf lange Sicht betrachtet hat das Ethernet den Vorteil, dass es deutlich mehr Netzwerkknoten unterstützt. Somit könnten sich in Zukunft noch weitere Funktionen in das Fahrzeug integrieren lassen. Allerdings ist zu berücksichtigen, dass beim Ethernet eine hohe Datenübertragungsrate Voraussetzung für eine sichere Kommunikation ist.

Auf der physischen und der Sicherungsschicht ist Ethernet Train Backbone nach IEC 61375-2-5 zu verwenden. Die Train-Backbone-Nodes können als Switch ausgeführt werden.

Für den Aufbau der virtuellen Netzwerke, beispielsweise zur Trennung von sicherheitsrelevanten und nicht sicherheitsrelevanten Daten, ist VLAN-Tagging nach IEEE 802.1q zu verwenden[1]. Die genaue Zuordnung der VLAN-IDs zu verschiedenen virtuellen Netzwerken ist Bestandteil der detaillierten funktionalen Spezifikation.

Auf der Vermittlungsschicht wird die IP-Protokollfamilie in der Version 6 (IPv6) verwendet.

Auf der Transportschicht sollen je nach Anwendung Standardprotokolle TCP, UDP und/oder SCTP verwendet werden. Die Festlegung erfolgt im Rahmen der detaillierten funktionalen Spezifikation.

Die Protokolle der Netzwerkschichten oberhalb der Transportschicht werden ebenfalls im Rahmen der detaillierten funktionalen Spezifikation definiert. Dabei sind die bereits existierenden oder aktuell in der Entwicklung befindlichen einschlägigen Protokolle wie TTDP (Train Topology Data Protocol) und TRDP (Train Real-time Data Protocol) zuerst auf ihre Eignung zu prüfen.

3.3.3 Adressierung

Die Adressvergabe der Netzwerkgeräte im Zugverband muss automatisch mittels IPv6-Autokonfiguration (Stateless Address Configuration) erfolgen. Der genaue Adressvergabemechanismus und die Adressraumeinteilung ist Bestandteil der detaillierten funktionalen Spezifikation. Zudem verfügt jedes Gerät über eine unveränderliche MAC-Adresse.

Für die funktionale Adressierung von Endgerätegruppen sind Multicast-Adressen zu definieren.

---

[1] Die VLAN-Funktionalität ist in IEC 61375-2-5 bereits als verpflichtend definiert, wird aber nur für die Kennzeichnung von Datenklassen verwendet.

3.4 Sicherheit

In der [DIN EN 50126] wird für Bahnanwendungen der Zusammenhang zwischen Zuverlässigkeit, Verfügbarkeit, Instandhaltbarkeit und Sicherheit (RAMS) eines Systems in Bezug auf dessen gesamten Lebenszyklus beschrieben. Sicherheit wird dort als das Nichtvorhandensein eines unzulässigen Schadensrisikos definiert. An das einzuführende Gesamtsystem, d. h. MPK+ einschließlich der in der Mindestspezifikation vorgesehenen Endgeräte sowie des Netzwerkes zur Kommunikation im Zugverband, ergeben sich sowohl Sicherheitsanforderungen in Bezug auf die mechanisch realisierten Funktionen als auch hinsichtlich der elektronisch/elektrisch realisierten Funktionen im Bereich Datenverarbeitung und Kommunikationstechnik.

Dabei ist sowohl die funktionale und technische Sicherheit (Safety) in Bezug auf die sichere Erfüllung der spezifizierten Systemfunktionen als auch die Informationssicherheit (Security) in Bezug auf den Schutz der Datenverarbeitung und Datenübertragung, z. B. vor Manipulation von außen, zu berücksichtigen. Die Informationssicherheit kann die funktionale Sicherheit dahingehend beeinflussen, dass zum einen mangelnde Informationssicherheit zum Funkti-onsversagen führen kann, zum anderen aber auch Maßnahmen zur Informationssicherheit den Zielen der funktionalen Sicherheit entgegenstehen können (z. B. die Notwendigkeit schneller Software-Updates einem gründlichen Entwicklungs- und Validierungsprozess der Software). Hinsichtlich der funktionalen Sicherheit sind insbesondere die miteinander verwandten Normen DIN EN 50126, DIN EN 50128 und DIN EN 50129 zu beachten, während für die Informationssicherheit vor allem IEC/ISO-Standards wie ISO 27000 ff., ISO/IEC/TR 19791 oder IEC 62443 zu berücksichtigen sind.

3.4.1 Funktionale und technische Sicherheit (Safety)

Die funktionale und technische Sicherheit umfasst sowohl die Sicherheit gegen systematisch bedingte Fehlfunktionen bzw. Ausfälle als auch gegen zufallsbedingte Fehlfunktionen bzw. Ausfälle. Systematische Fehlfunktionen können sich infolge von Fehlern bei einer beliebigen sicherheitsrelevanten Aktivität während einer beliebigen Phase des Lebenszyklus [DIN EN 50126] ergeben. Dies schließt z. B. auch eine nicht korrekt programmierte Software ein. Zufallsbedingte Fehlfunktionen sind hingegen dadurch definiert, dass ihr Eintritt nicht vorhersehbar ist [DIN EN 50129]. Nach

[DIN EN 50129] müssen für Bahnanwendungen im Bereich Telekommunikationstechnik, Signaltechnik und Datenverarbeitungssysteme drei Bedingungen erfüllt sein, damit ein System als angemessen sicher anerkannt und zugelassen wird:

- Nachweis des Qualitätsmanagements
- Nachweis des Sicherheitsmanagements
- Nachweis der funktionalen und technischen Sicherheit

Ein zu führender Sicherheitsnachweis hat folglich diese drei Bedingungen zu erfüllen. Dem Thema Sicherheitsnachweis widmet sich ein eigenes Kapitel in diesem Bericht (Kapitel 4). Dort werden die wesentlichen Grundlagen für die spätere Führung eines Sicherheitsnachweises erarbeitet.

3.4.2 Informationssicherheit (Security)

Da über die im Rahmen des MPK+-Systems definierte Datenverbindung sicherheitsrelevante und sensible Daten übertragen werden, ist die Datenverbindung gegen Angriffe von außen zu sichern.

Die physische Sicherheit gegen direkte unbefugte Angriffe wird als gegeben angenommen, da die Anforderungen auch für bisher bestehende sicherheitsrelevante Systeme (z. B. Bremsen) in vergleichbarer Form gelten.

Für die zu übertragenden Daten sind die Authentizität, Vertraulichkeit und Integrität zu gewährleisten. Hierfür müssen auch alle von außen zugänglichen Schnittstellen des Systems berücksichtigt werden. Eine Verbindung, die diese drei Aspekte sicherstellt, wird im Folgenden eine „sichere Verbindung" genannt.

Die Kommunikation im MPK+-System soll, soweit möglich, über sichere Verbindungen stattfinden. Sollten bestimmte Funktionen Ausnahmen davon erfordern, müssen diese begründet werden. Weiterhin sind die Möglichkeiten der „Härtung" auszuschöpfen, um die Systemsicherheit zu erhöhen. Der Schwerpunkt liegt dabei darin, dass nur Softwarebestandteile und Funktionen verwendet werden, die für die Erfüllung der vorgesehenen Anforderungen zwingend erforderlich sind.

Der Informationsaustausch findet zwischen Zugspitzengerät (HED) und den Endgeräten auf den Fahrzeugen, insbesondere Geräten, die direkt zu dem MPK+-System gehören, statt. Im Einzelwagen-Güterverkehr kann nicht davon ausgegangen werden, dass ein Vertrauensverhältnis zwischen dem Zugspitzengerät und den Endgeräten des Zugverbandes besteht. Weiterhin impliziert die Authentifizierung eines Fahrzeugs des Zugverbandes nicht die Authentifizierung des gesamten Verbandes. Damit muss die Kommunikation zwischen dem Zugspitzengerät und den Fahrzeugendgeräten für jedes Fahrzeug gesondert gesichert werden.

Die Verbindungssicherung wird in digitalen Netzwerken nach dem Stand der Technik durch Verwendung von kryptographischen Verfahren realisiert. Diese Verfahren können in zwei Klassen eingeteilt werden:

- symmetrisch: Jede Kommunikationspartei nutzt zur Verschlüsselung den gleichen geheimen Schlüssel (shared secret). Der geheime Schlüssel muss über eine sichere Verbindung an die Parteien übertragen werden.
- asymmetrisch: Jede Kommunikationspartei nutzt zur Verschlüsselung ein Schlüsselpaar aus dem öffentlichen und einem privaten Schlüssel. Die öffentlichen Schlüssel werden dabei zur Verschlüsselung benutzt, während die privaten Schlüssel zur Entschlüsselung benutzt werden. Die privaten Schlüssel müssen geheim gehalten, aber auch nicht ausgetauscht werden. Die öffentlichen Schlüssel können über eine nicht-sichere Verbindung ausgetauscht werden.

Mit Hilfe von asymmetrischen Verschlüsselungsverfahren lässt sich weiterhin eine Infrastrukturen (Public Key Infrastructure, PKI) aufbauen, mit der sich Vertrauensverhältnisse zwischen sonst untereinander organisatorisch nicht verbundenen Kommunikationsparteien garantieren lassen.

Die ETCS-Kommunikation zwischen den streckenseitigen Einrichtungen (in der Regel Radio Block Centres, RBCs) und den Fahrzeuggeräten (On Bord Unit, OBU) benutzt ein symmetrisches Verfahren. Dabei muss beispielsweise der Schlüssel jeder OBU, die auf einem bestimmten Netzabschnitt verkehren soll, im Voraus über die Key Management Center (KMCs) an alle RBCs des Netzabschnitts über eine sichere Verbindung übertragen werden.

Auf Grund der im Fall des MPK+-Systems weit höheren Zahl der Kommunikationsparteien (europaweit mehrere 100.000) erscheint ein Verfahren, das für jedes Paar von Kommunikationsparteien einen eigenen geheimen Schlüssel voraussetzt, nicht praktikabel, da der Aufwand zur Erzeugung und rechtzeitigen Verteilung der Schlüssel sehr hoch und die Zuverlässigkeit des Systems sehr niedrig wäre.

Aus diesen Gründen soll im Rahmen des MPK+-Systems ein asymmetrisches Verfahren mit einer PKI zum Einsatz kommen.

Eine genauere Untersuchung der Schlüssel z. B. hinsichtlich Ablage- und Speicherort, Rückfallebene und weiteren Schlüssel-bezogenen Einzelheiten ist Gegenstand der detaillierten funktionalen Spezifikation in einer späteren Phase außerhalb dieses Projekts.

3.5 Zuverlässigkeit, Verfügbarkeit und Instandhaltbarkeit

Neben den Anforderungen an die Sicherheit sind bei Bahnsystemen ebenso die Anforderungen an die Verfügbarkeit von wesentlicher Bedeutung. Verfügbarkeit ist in [DIN EN 50126] definiert als die Fähigkeit eines Produktes, in einem Zustand zu sein, in dem es unter vorgegebenen Bedingungen zu einem vorgegebenen Zeitpunkt oder während einer vorgegebenen Zeitspanne eine geforderte Funktion erfüllen kann, unter der Voraussetzung, dass die geforderten äußeren Hilfsmittel bereitstehen. Die MPK+ sollte im Zug- und Rangierbetrieb mindestens in gleichem Maße wie bisher verwendete Kupplungssysteme entsprechend dieser Definition verfügbar sein.

Die Ziele der Sicherheit und Verfügbarkeit lassen sich nur dann verwirklichen, wenn die Zuverlässigkeits- und Instandhaltbarkeitsanforderungen ständig erfüllt werden und die laufenden langfristigen Instandhaltungsarbeiten sowie das betriebliche Umfeld überwacht werden [DIN EN 50126]. Diese Anforderungen werden erst in einer späteren Projektphase spezifiziert. Sie leiten sich u. a. aus den zuvor im Rahmen eines Sicherheitsnachweises ermittelten Sicherheitsanforderungen ab.

3.6 Anwendungsfälle

3.6.1 Zugtaufe

3.6.1.1 Automatische Zugtaufe (Mindestspezifikation)[2]

Alle Initialisierungsaufgaben werden bei einer vollautomatischen Zugtaufe durchgeführt, wie z. B. eine automatische Adressvergabe der angeschlossenen Netzwerkknoten. Hierfür ermittelt das aktive Zugspitzengerät (HED) die aktuelle Zugzusammensetzung, die tatsächliche Reihenfolge der Fahrzeuge im Zugverband, sowie die Zuglänge, welche sich aus den Längen der einzelnen Fahrzeuge zusammensetzt. Soll eine Überprüfung der Ist-Werte auf Übereinstimmung mit den Soll-Werten durchgeführt werden, wird vorausgesetzt, dass die Soll-Werte aus einer hinreichend verlässlichen Quelle vor der Durchführung einer automatischen Zugtaufe elektronisch am HED vorhanden sind.

Beteiligte Fahrzeuge: Alle Fahrzeuge des Zugverbands

Beteiligte Akteure: Triebfahrzeugführer

Notwendige Sensoren und Aktoren: Zugspitzengerät (HED), Fahrzeugdatengeräte (VID), Kupplungssensoren (CMD)

Sicherheitsorientiert: ja

Datenklasse: Prozess Data + Message Data

Vorbedingungen:

1. Es ist kein Führerstand im Zugverband und daher auch kein HED aktiv.
2. Elektronische Soll-Daten zu Zugzusammensetzung, Fahrzeugreihenfolge und Fahrzeuglängen sind verfügbar.
3. Der Zug befindet sich im Stillstand (gilt nur für den Fall, dass der Triebfahrzeugführer die Zugtaufe einleitet).

---

[2] Im Gegensatz zur Automatischen Zugtaufe mit Bremsgewichtsermittlung werden bei der Mindestspezifikation lediglich die Zugzusammensetzung sowie die Reihenfolge der Fahrzeuge und die Zuglänge ermittelt.

Ablauf 1

4. Der Triebfahrzeugführer aktiviert den Führerstand und damit das HED durch Umlegen des Fahrtrichtungshebels.
5. Das aktivierte HED initiiert die Zugtaufe.
6. Das aktive HED (im Folgenden nur als „HED" bezeichnet) sendet eine Identifikationsanfrage an alle VID.
7. Jedes VID übermittelt die Fahrzeugidentifikation an das HED.
8. Optional: Das HED überprüft, ob die Fahrzeugidentifikationen mit der Soll-Zugzusammensetzung übereinstimmen.
9. Das HED sendet eine Datenanforderungsnachricht an alle VID, um die jeweilige Fahrzeuglänge zu erfragen.
10. Jedes VID übermittelt die Fahrzeuglänge an das HED.
11. Das HED errechnet die Zuglänge.
12. Optional: Das HED prüft, ob diese mit der Soll-Zuglänge übereinstimmt.
13. Das HED sendet die Anfrage zur Nachbarnbestimmung an alle CMD.
14. Das HED ermittelt die Fahrzeugreihenfolge
15. Optional: Das HED prüft, ob diese mit der Soll-Reihenfolge übereinstimmt.
16. Das HED fordert den Triebfahrzeugführer zur Kenntnisnahme der ermittelten Werte auf.
17. Der Triebfahrzeugführer bestätigt, dass er von den vorgelegten Werten Kenntnis genommen hat.

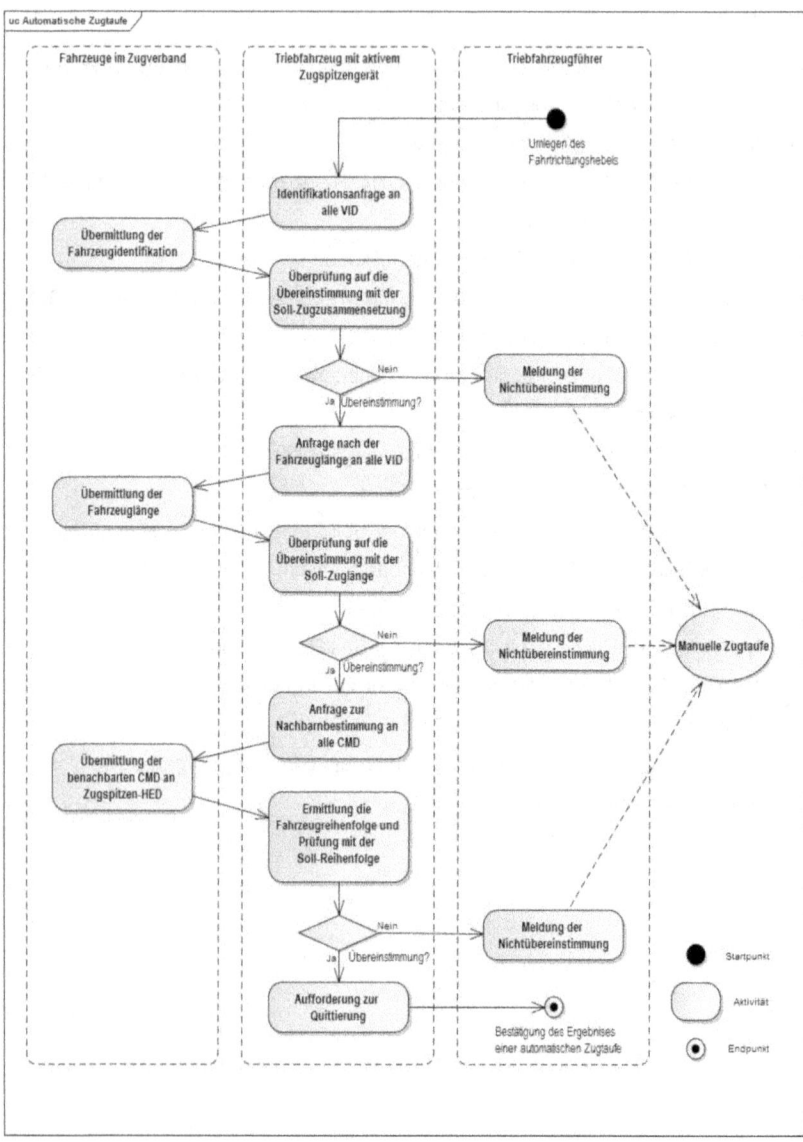

Abbildung 12: Anwendungsfall „Automatische Zugtaufe (Mindestspezifikation)"

Nachbedingung 1

18. Die Zugzusammensetzung wurde als korrekt registriert und die Zugintegritätsüberwachung hat begonnen.

Ablauf 2

Schritt 1-8 sind identisch mit dem Regelablauf „Ablauf 1", Schritt 8 wurde ausgeführt.

9. Entweder wurden Fahrzeugidentifikationen übermittelt, die nicht in der Soll-Zugzusammensetzung enthalten sind, oder es wurden nicht alle Fahrzeugidentifikationen übermittelt, welche in der Soll-Zugzusammensetzung enthalten sind.

Nachbedingung 2

10. Dem Triebfahrzeugführer wird gemeldet, dass die ermittelte Zugzusammensetzung nicht mit der Soll-Zugzusammensetzung übereinstimmt.
11. Der Ablauf kann mit dem Anwendungsfall „Manuelle Zugtaufe einleiten" fortgesetzt werden

Ablauf 3

Schritt 1-12 sind identisch mit dem Regelablauf „Ablauf 1", Schritt 12 wurde ausgeführt.

13. Die ermittelte Zuglänge stimmt nicht mit der Soll-Zuglänge überein.

Nachbedingung 3

14. Der Triebfahrzeugführer erhält die Meldung, dass die ermittelte Zuglänge nicht mit der Soll-Zuglänge übereinstimmt.
15. Der Ablauf kann mit dem Anwendungsfall „Manuelle Zugtaufe einleiten" fortgesetzt werden.

Ablauf 4

Schritt 1-15 sind identisch mit dem Regelablauf „Ablauf 1", Schritt 15 wurde ausgeführt.

16. Die ermittelte Ist-Reihenfolge der Fahrzeuge stimmt nicht mit der Soll-Reihenfolge der Fahrzeuge überein.

17. Es werden „Nachbarfahrzeuge" gemeldet, die nicht identifiziert werden können.

Nachbedingung 4

18. Der Triebfahrzeugführer erhält die Meldung, dass die ermittelte Reihenfolge nicht mit der Soll-Reihenfolge übereinstimmt.
19. Der Ablauf kann mit dem Anwendungsfall „Manuelle Zugtaufe einleiten" fortgesetzt werden.

3.6.1.2 Automatisches Bereitstellen von Geschwindigkeit und Bremsvermögen

Im Rahmen der automatischen Zugtaufe kann als zusätzliche Funktionalität außerhalb der Mindestspezifikation auch die Ermittlung von Zughöchstgeschwindigkeit basierend auf der zulässigen beladungsabhängigen Fahrzeuggeschwindigkeit und des Bremsvermögens des Zuges realisiert werden. Dies wird im vorliegenden Anwendungsfall beschrieben. Das Bremsvermögen eines Zuges ist der Quotient aus der Summe der i. d. R. lastabhängigen Bremsgewichte der Fahrzeuge im Zugverband dividiert durch die Summe ihrer Gesamtmasse (Fahrzeugeigengewicht plus Ladung) Eine automatische Bereitstellung von fahrzeugabhängiger Zughöchstgeschwindigkeit und dem Bremsvermögen des Zugverbands kann im Rahmen der automatischen Zugtaufe erfolgen. Dazu sind insbesondere die automatische Erfassung der Fahrzeuggesamtmasse sowie des davon abhängigen Bremsgewichts notwendig.

Die Realisierung dieser Funktionen ist aber nicht Bestandteil des hier beschriebenen Anwendungsfalles. Im Folgenden wird der Ablauf des Anwendungsfalles näher beschrieben, dabei werden die Schritte, welche bereits bei der automatischen Zugtaufe in Abschnitt 3.6.1.1 enthalten sind, hier nicht erneut genannt.

Beteiligte Akteure: keine

Beteiligte Fahrzeuge: alle Fahrzeuge des Zugverbands

Notwendige Sensoren und Aktoren: Sensor zur Erfassung des Bremsgewichts eines Fahrzeuges in Abhängigkeit von Lastwechsel und Bremsstellung, Zugspitzengerät

Sicherheitsorientiert: ja (Sicherheitsrelevant)

Datenklasse: Message Data

Vorbedingungen:

1. s.o.
2. Soll-Daten zum Bremsgewicht des Zuges sind dem HED verfügbar.
3. Alle Schritte, die zum Ablauf der automatischen Zugtaufe bis zum vorletzten Schritt des Regelablaufs gehören (Schritte 1-10), sind bereits durchgeführt. (Siehe 3.6.1.1, Ablauf 1)

Ablauf 1

16. Das HED sendet eine Anfrage an die Sensoren zur Erfassung des Bremsvermögens aller Fahrzeuge im Zugverband.
17. Die Sensoren ermitteln für das einzelne Fahrzeug das Fahrzeug- und das Bremsgewicht des Fahrzeuges.
18. Die Sensoren aller Fahrzeuge im Zugverband melden dem HED das Fahrzeug- und das Bremsgewicht.
19. Das HED ermittelt daraus das Bremsvermögen des Zuges.
20. Optional: Das HED überprüft es mit dem Soll-Bremsvermögen.
21. Das HED fordert den Triebfahrzeugführer zur Kenntnisnahme auf.
22. Der Triebfahrzeugführer bestätigt das Ergebnis einer erfolgreichen Zugtaufe inkl. die Übereinstimmung mit der Soll-Einstellung des Bremssystems.

Nachbedingung 1

23. Die Zugzusammensetzung wurde als korrekt registriert.

Ablauf 2

Schritt 1-20 sind identisch mit Regelablauf „Ablauf 1", Schritt 20 wurde ausgeführt.

21. Das HED ermittelt das Bremsgewicht des Zuges und stellt eine Abweichung vom Soll-Bremsgewicht fest.

Nachbedingung 2

22. Der Triebfahrzeugführer erhält die Meldung, dass das ermittelte Bremsgewicht nicht mit dem Soll-Wert übereinstimmt.

23. Der Ablauf kann mit dem Anwendungsfall „Manuelle Zugtaufe einleiten" fortgesetzt werden.

3.6.1.3 Manuelle Zugtaufe einleiten

Die Durchführung einer manuellen Zugtaufe kann je nach Betriebszustand unterschiedlich erfolgen. Folgende Fälle sind möglich:

1. Bei Nichtübereinstimmung der Soll-Zugzusammensetzung:
   Die abweichenden Fahrzeuge werden vom Zug getrennt bzw. bei Bedarf im Zugverband eingestellt. Die automatische Zugtaufe wird erneut eingeleitet.

2. Bei Nichtübereinstimmung der Soll-Zuglänge:
   Die abweichenden Fahrzeuglängen der einzelnen Fahrzeuge werden manuell überprüft und die ermittelte Längen manuell am Führerstand eingegeben, oder die tatsächliche Zuglänge wird manuell ermittelt und am Führerstand eingegeben.

3. Bei Nichtübereinstimmung der Fahrzeugreihenfolge:
   Die abweichenden Fahrzeuge werden vom Zug getrennt bzw. bei Bedarf im Zugverband neu eingestellt.

4. Bei Nichtübereinstimmung des Soll-Bremsgewichts (siehe Abschnitt 3.6.2):
   Das Bremsgewicht des Zuges wird manuell ermittelt und am Führerstand eingegeben.

3.6.2 Zuginterne Zugintegritätsprüfung (Mindestspezifikation)

Eine der wichtigsten Punkte im Rahmen der Einführung der MPK+ ist die zuginterne Zugintegritätsprüfung. Sie wird mit dem erfolgreichen Abschluss der Zugtaufe (Zugzusammensetzung ist ermittelt, Schritt 14) initialisiert und erfolgt durch eine ständige Kommunikation zwischen dem Zugspitzengerät und dem letzten Kupplungssensor im Zugverband, der sich am Schluss des letzten Fahrzeuges befindet.

Anforderungen an eine Mittelpufferkupplung

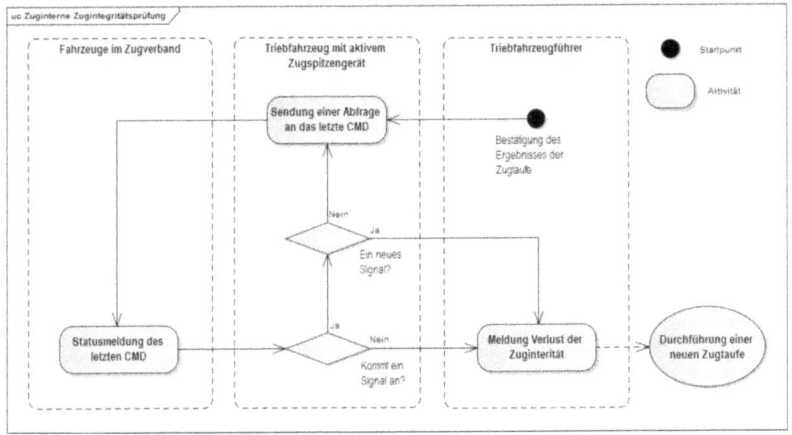

Abbildung 13: Ablauf des Anwendungsfalls „Zugintegritätsprüfung"

Beteiligte Akteure: Triebfahrzeugführer (nur Initialisierung)

Beteiligte Fahrzeuge: Triebfahrzeug und das letzte Fahrzeug des Zugverbands

Notwendige Sensoren und Aktoren: Zugspitzengerät, Kupplungssensor

Sicherheitsorientiert: ja

Datenklasse: Prozess Data

Vorbedingungen

1. Die Zugtaufe wurde erfolgreich ausgeführt.

Ablauf 1

2. Das HED sendet in regelmäßigen Abständen eine Datenanforderungsnachricht an den letzten Kupplungssensor im Zugverband.
3. Der Kupplungssensor sendet ein Antworttelegramm an das HED.
4. Das HED überprüft das empfangene Telegramm auf Gültigkeit.

Ablauf 2

Schritte 1, 2 sind identisch mit dem Regelablauf „Ablauf 1".

4. Das HED empfängt innerhalb des definierten Zeitintervalls keine Antwort vom Kupplungssensor.

5. In diesem Fall geht das HED von einem Verlust der Zugintegrität aus. Eine entsprechende Meldung wird vom HED an Tf und ETCS-Fahrzeugeinrichtung gesendet.

Nachbedingung 2

6. Der Ablauf wird automatisch durch das HED mit dem Anwendungsfall „Automatische Zugtaufe" fortgesetzt.

3.6.3 Brems- und Lösevorgang der ep-Bremse

Die elektropneumatische Bremse bringt durch die verkürzten Ansprechzeiten sowohl technische wie auch betriebliche Vorteile mit. Als Aktuator werden elektrische oder elektromagnetische Ventile benutzt.

Beteiligte Akteure: Triebfahrzeugführer

Beteiligte Fahrzeuge: alle Fahrzeuge des Zugverbands

Notwendige Sensoren und Aktoren: Elektrische/Elektromagnetische Ventile, Zugspitzengerät / Führerbremsventil

Sicherheitsorientiert: ja

Datenklasse: Message Data

Vorbedingungen

1. Der Triebfahrzeugführer bestätigt im Anschluss an die erfolgreiche Zugtaufe, dass er die neue Zugzusammensetzung zur Kenntnis genommen hat.
2. Eine ggf. automatische Bremsprobe ist bereits erfolgreich durchgeführt.

Anforderungen an eine Mittelpufferkupplung

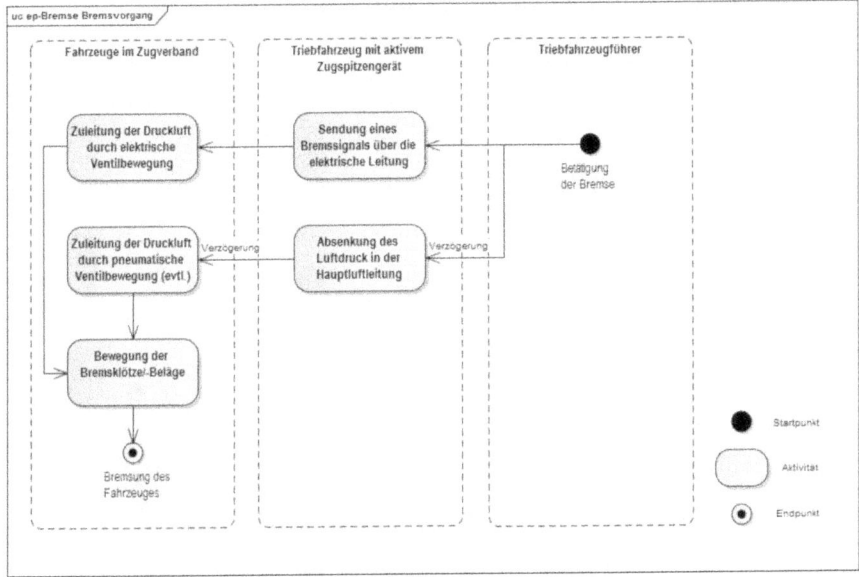

Abbildung 14: Ablauf des Anwendungsfalls „Bremsvorgang der ep-Bremse"

Ablauf Bremsvorgang

1. Der Triebfahrzeugführer betätigt die Bremse im Führerstand.
2. Das HED sendet ein Bremssignal an alle elektrischen Bremsventilen im Zugverband. Der Luftdruck in der Hauptleitung sinkt ab.
3. Die Bremsen werden angelegt.

Ablauf Lösevorgang

1. Die Bremse wird vom Triebfahrzeugführer im Führerstand gelöst.
2. Das HED sendet ein Lösesignal an alle elektrischen Löseventile im Zugverband. Der Regelbetriebsdruck in der Hauptleitung wird wieder hergestellt.
3. Die Bremsen werden gelöst.

3.6.4 Automatische Bremsprobe

Anforderungen an eine Mittelpufferkupplung

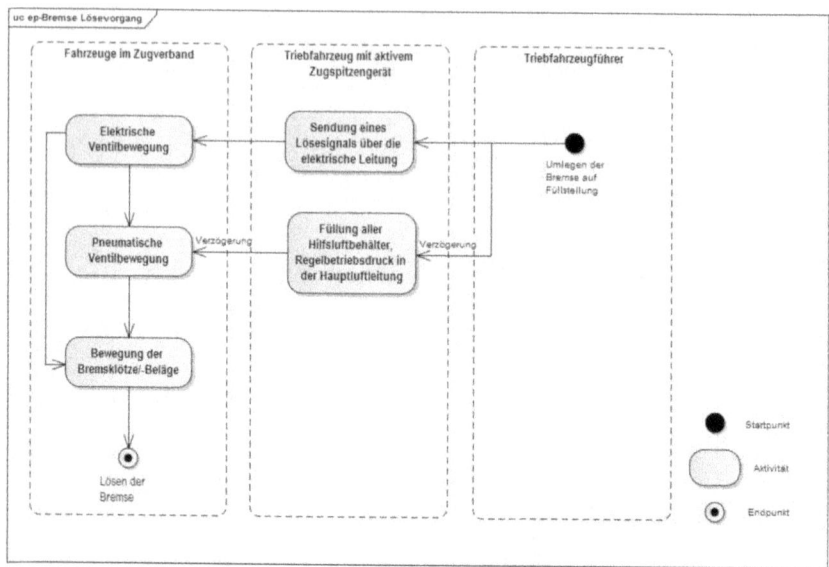

Abbildung 15: Ablaufs des Anwendungsfalls „Lösevorgang der ep-Bremse"

Prinzipiell kann die automatische Bremsprobe in 2 Varianten durchgeführt werden. Die Abläufe 1 und 2 beschreiben die Variante mit Druckmessung in der Hauptluftleitung. Durch die in der Hauptluftleitung angebrachten Luftdrucksensoren wird die Dichtheit der verbundenen Hauptluftleitung geprüft und somit eine kürzere Dauer der Bremsprobe erzielt. Die Abläufe 3 und 4 beschreiben die Variante, die neben der normalen Ausrüstung der ep-Bremse einen zusätzlichen Luftdrucksensor im Bremszylinder benötigt. Bei dieser Variante wird jede Bremse einmal betätigt und wiederum gelöst. Der Sensor prüft dabei, ob die Bremsventile tatsächlich betätigt werden.

Beteiligte Akteure: Triebfahrzeugführer

Beteiligte Fahrzeuge: alle Fahrzeuge des Zugverbands

Notwendige Sensoren und Aktoren: Luftdrucksensor, Elektrische/Elektromagnetische Ventile, Zugspitzengerät

Sicherheitsorientiert: ja

Datenklasse: Message Data

Anforderungen an eine Mittelpufferkupplung

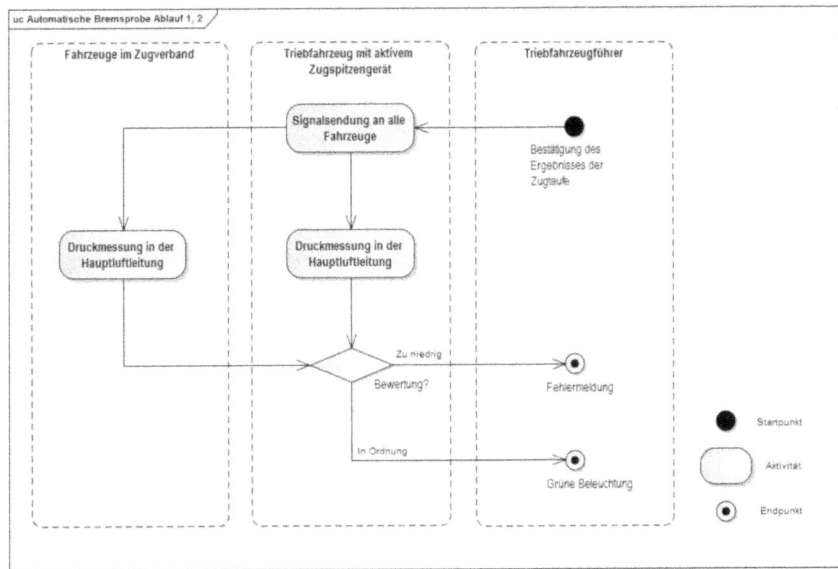

Abbildung 16: Ablauf des Anwendungsfalls „Automatische Bremsprobe Variante 1"

Vorbedingungen

1. Der Triebfahrzeugführer bestätigt im Anschluss an die erfolgreiche Zugtaufe, dass er die neue Zugzusammensetzung zur Kenntnis genommen hat.
2. Der Zugverband befindet sich im Stillstand.

Ablauf 1

1. Der Regelablauf der Bremsprobe Lösen – Anlegen – Lösen wird durch das HED ausgeführt. Dabei kann der Tf zwischen dem schnellen Regelablauf für Bahnhöfe (alle Fahrzeuge gleichzeitig) und dem sicheren Ablauf für die freie Strecke (höchstens x% der Fahrzeuge werden gleichzeitig gelöst) wählen. Weiterhin werden die Bremsprobe für neu zugesetzte Zugteile und die vereinfachte Bremsprobe für Fahrtrichtungswechsel und neues führendes Fahrzeug unterstützt.
2. Die Luftdrucksensoren messen den Luftdruck in der Hauptleitung jedes Fahrzeuges. Die Messwerte werden an das HED gesendet.
3. Die Bremsen werden angelegt.
4. Das HED überprüft alle Messwerte.
5. Das HED fordert den Triebfahrzeugführer zur Kenntnisnahme auf.

Nachbedingung 1

6. Die Bremsprobe wird als erfolgreich registriert.

Ablauf 2

Schritte 1-4 sind identisch mit Regelablauf „Ablauf 1".

5. Es wird mindestens ein Messwert ermittelt, der nicht mit dem Referenzwert übereinstimmt.

Nachbedingung 2

6. Dieser Fehler wird dem Triebfahrzeugführer im Führerstand gemeldet.
7. Der Ablauf kann mit einer manuellen Bremsprobe fortgesetzt werden.

Ablauf 3

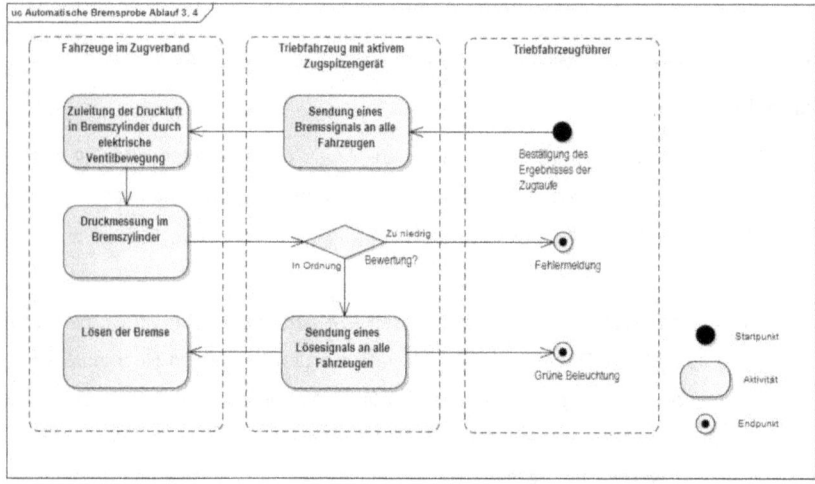

Abbildung 17: Ablauf des Anwendungsfalls „Automatische Bremsprobe Variante 2"

1. Das HED sendet ein Bremssignal an alle Fahrzeugen.
2. Das HED sendet ein Bremssignal an alle elektrischen Bremsventilen im Zugverband. Der Luftdruck in der Hauptleitung sinkt ab.
3. Die Luftdrucksensoren messen den Luftdruck in jedem Bremszylinder. Die Messwerte werden an das HED gesendet.
4. Das HED überprüft alle Messwerte

5. Das HED sendet ein Lösesignal an alle elektrischen Löseventile im Zugverband. Der Regelbetriebsdruck in der Hauptleitung wird wieder hergestellt.
6. Die Bremse wird gelöst.
7. Die Luftdrucksensoren messen den Luftdruck in jedem Bremszylinder. Die Messwerte werden an das HED gesendet.
8. Das HED überprüft alle Messwerte
9. Ist die Bremsprobe erfolgreich verlaufen, wird der Triebfahrzeugführer durch ein optisches und/oder ein akustisches Signal darüber informiert.

Nachbedingung 3

10. Die Bremsprobe wird als erfolgreich registriert.

Ablauf 4

Schritte 1-8 sind identisch mit Regelablauf „Ablauf 1".

9. Es wird mindestens ein Messwert ermittelt, der nicht mit dem Referenzwert übereinstimmt.

Nachbedingung 4

10. Dieser Fehler wird dem Triebfahrzeugführer im Führerstand gemeldet.
11. Der Ablauf kann mit einer manuellen Bremsprobe fortgesetzt werden.

3.6.5 Fahrwerküberwachung

Mit Hilfe des Einsatzes von weiteren Endgeräten in den Fahrzeugen kann die Funktion der ortsfesten Heißläufer- und Festbremsortungsanlage fahrzeugseitig verwirklicht werden. Die Kommunikation zwischen dem HED und den entsprechenden Sensoren ist nicht stetig, so dass der Datenbus nicht zu stark belastet wird.

Beteiligte Akteure: Keine

Beteiligte Fahrzeuge: alle Fahrzeuge des Zugverbands

Notwendige Sensoren und Aktoren: Temperatursensor/Infrarot-Sensor, Elektrische /Elektromagnetische Ventile, Zugspitzengerät

Sicherheitsorientiert: ja

Datenklasse: Message Data

Vorbedingungen

1. Der Triebfahrzeugführer bestätigt im Anschluss an die erfolgreiche Zugtaufe, dass er die neue Zugzusammensetzung zur Kenntnis genommen hat.
2. Die Zugintegritätsüberwachung hat bereits begonnen.
3. Ein im System registrierter Zähler ist auf „0" initialisiert.

Ablauf 1

1. Das Zugspitzen-HED sendet ein Signal an alle Fahrzeuge.
2. Alle Fahrzeuge melden die relevanten Sensoren sowie ggf. anstehende Alarme ans HED.
3. Die Sensoren überwachen die Zustände der relevanten Komponenten in allen Fahrzeugen.
4. Die Messwerte werden überprüft.
5. Es wird keine Grenzwertüberschreitung detektiert.
6. Mit Schritt 3 fortfahren. (Optional: Das Zugspitzen-HED schaltet die vorherige Fehlermeldung.)

Ablauf 2

Schritte 1-4 sind identisch mit Regelablauf „Ablauf 1".

4. Mindestens einer der gemessenen Zustände überschreitet den Grenzwert.
5. Der Luftdrucksensor misst den Luftdruck im Bremszylinder.
6. Vom Zähler wird der Initialwert „0" abgelesen.
7. Das Zugspitzen-HED sendet ein Lösesignal an das betroffene Löseventil und verändert den Zähler auf „1".
8. Löseventile versuchen die Bremse zu lösen.
9. Der Luftdrucksensor misst den Luftdruck im Bremszylinder.
10. Vom Zähler wird eine „1" abgelesen.
11. Der Luftdruck liegt im normalen Bereich.

Nachbedingung 2

12. Der Triebfahrzeugführer erhält die Meldung über eine detektierte feste Bremse.
13. Mit Regelablauf (Ablauf 1) fortsetzen.

Ablauf 3

Schritte 1-10 sind identisch mit „Ablauf 2".

11. Der gemessene Luftdruck überschreitet den Schwellwert.

Nachbedingung 3

12. Der Triebfahrzeugführer erhält Meldung über eine nicht lösbare Bremse.
13. Mit Regelablauf (Ablauf 1) fortsetzen.

4 Grundlagen für einen Sicherheitsnachweis

4.1 Risikobewertungsverfahren nach CSM-RA

2009 wurde von der Europäischen Kommission die Verordnung EG Nr. 352/2009 über die Festlegung einer gemeinsamen Sicherheitsmethode für die Evaluierung und Bewertung von Risiken veröffentlicht, im Weiteren CSM-RA genannt. Als europäische Verordnung mit unmittelbarer Wirkung ist sie für Maßnahmen, die in ihren Geltungsbereich fallen, in allen Mitgliedsstaaten der EU verbindlich zu beachten. Die umfassende Einführung einer Mittelpufferkupplung (MPK+) im Schienengüterverkehr kann in den Maßnahmenteilen sachlich darunter fallen, wenn es sich bei diesen um einen Neu- bzw. Umbau von Eisenbahnfahrzeugen handelt, der eine sicherheitsrelevante und signifikante Änderung des Eisenbahnsystems bedeutet. Die räumliche bzw. persönliche Geltung ist gegeben, wenn die betroffenen Eisenbahnverkehrsunternehmen bzw. Eisenbahninfrastrukturunternehmen einer Sicherheitsbescheinigung nach § 7a Abs. 1 oder 3 AEG oder einer nationalen Bescheinigung nach § 7a Abs. 4 AEG bzw. einer Sicherheitsgenehmigung nach § 7c AEG bedürfen.

Daher sind in einem ersten Schritt die sicherheitsrelevanten Änderungen der untersuchten Maßnahme zu ermitteln und anschließend auf ihre Signifikanz gemäß CSM-RA zu prüfen. Ergeben sich signifikante Änderungen, sind für diese die weiteren Schritte des Risikomanagementverfahrens gemäß Anhang I der CSM-RA durchzuführen. Dieses Verfahren besteht aus den drei Hauptbestandteilen Systemdefinition, Risikoanalyse und Risikoevaluierung. Im vorliegenden Projekt wird für die als signifikant bewerteten Änderungen ein Entwurf der Systemdefinition aufgestellt und eine vereinfachte Risikoanalyse durchgeführt. Diese bilden die Grundlage für einen später außerhalb dieses Projektes zu erbringenden vollständigen Sicherheitsnachweis bei Fortgang der Planungen zur Einführung der MPK+.

4.2 Ermittlung der sicherheitsrelevanten Funktionen

Bei einer umfassenden Einführung der Mittelpufferkupplung ist zwischen den Funktionen zu unterscheiden, welche die MPK+ unmittelbar selbst erfüllen soll, und den Funktionen, für welche die Einführung der MPK+ die Voraussetzung schafft. Da die MPK+ die durchgehende Übertragung von Daten und Energie innerhalb eines Güterzugverbandes ermöglicht, wird fahrzeugseitig auch die Einführung von neuen betrieblichen, verkehrlichen oder serviceorientierten Funktionen leichter realisierbar. Diese würden jeweils zusätzliche Hardware- und/oder Softwarekomponenten erfordern. Tabelle 9 gibt einen Überblick der Funktionen, die bei Einführung der MPK+ zu betrachten sind bzw. dadurch möglich werden, und zeigt die vorgenommene Einschätzung in Bezug auf deren Sicherheitsrelevanz.

Funktionen, welche die MPK+ unmittelbar erfüllen soll	Sicherheitsrelevanz	Bemerkung
Automatischen Kuppelvorgang gewährleisten		Bezeichnung gemäß TeSiP[3]
Kuppelvorgang (Kuppeln/Entkuppeln) mit Fahrzeugen mit Schraubenkupplung gewährleisten		Bezeichnung gemäß TeSiP
Kräfte zwischen Fahrzeugen zentral aufnehmen und übertragen	x	Bezeichnung gemäß TeSiP
Übertragung von Daten zwischen den Fahrzeugen		Bezeichnung gemäß TeSiP
Übertragung von Energie (Versorgung) zwischen den Fahrzeugen		Bezeichnung gemäß TeSiP

---

[3]TeSiP: Technischer Sicherheitsplan, Anlage 1 zur Sicherheitsrichtlinie Fahrzeug (SIRF), Modul 400

Grundlagen für einen Sicherheitsnachweis

Mögliche neue Funktionen, für welche die Einführung der MPK+ die Voraussetzung schafft	Sicherheitsrelevanz	Bemerkung
Automatischen Entkuppelvorgang gewährleisten (fernauslösbar ohne Personal an Entkuppelstelle)	x	Bezeichnung gemäß TeSiP
Automatisches Bereitstellen der Fahrzeuglänge	x	Betrachtung in Phase 1[4]
Automatisches Bereitstellen der Fahrzeugidentifikation (Fahrzeugnummer)	x	Betrachtung in Phase 1
Automatisches Bereitstellen des Fahrzeuggewichts	x	
Automatisches Bereitstellen der zulässigen beladungsabhängigen Geschwindigkeit und des Bremsvermögens	x	
Automatisches Bereitstellen von verkehrlich relevanten Fahrzeuginformationen (z. B. Art und Ziel der Ladung)		
Automatisches Bereitstellen von serviceorientierten Fahrzeuginformationen (z. B. nächster Inspektionstermin)		
Verarbeitung automatisch bereitgestellter Fahrzeuginformationen	x	
Zuginterne Zugintegritätsüberwachung	x	Betrachtung in Phase 1
(teilweises) Ersetzen der Gleisfreimeldeanlage	x	Betrachtung in Phase 1

---

[4] Erläuterung Phase 1: Funktion wird innerhalb dieses Projekts betrachtet (Mindestspezifikation)

Automatische Sicherung stillstehender Fahrzeuge	x	
Automatische Zugschlusssignalisierung	x	
Automatische Bremsprobe	x	Bezeichnung gemäß Te-SiP
Brems- u. Lösevorgang der elektropneumatischer Bremse	x	
Mehrfachtraktionssteuerung	x	
Fahrwerküberwachung	x	
Steuerung von Fahrzeugeinrichtungen (z. B. Be- und Entladeeinrichtungen, Wagentüren, Bodenluken)	x	
Ladungsüberwachung (z. B. Lichtraumprofil-, Innenraum- oder Tanklecküberwachung, bspw. beim Transport von temperaturempfindlichen bzw. gefährlichen Gütern)	(x)	Sicherheitsrelevanz fallweise zu klären

Tabelle 9: Überblick über Funktionen und deren Sicherheitsrelevanz

Die Funktionen wurden als sicherheitsrelevant bewertet, wenn deren Einführung im Schienengüterverkehr eine Änderung am System Eisenbahn bedeutet, die - bei Versagen der Funktion – schlimmstenfalls zu Personen- oder Umweltschäden führen kann. Wichtig ist dabei der Vergleich zum heutigen Zustand: Stellt die Funktion diesbezüglich keine Änderung dar, wurde sie in der Tabelle als nicht sicherheitsrelevant bewertet, da zukünftig wie bisher dieselben Gefährdungen auftreten können. Beispiel hierfür ist die Gewährleistung des Kuppel- oder Entkuppelvorgangs eines Fahrzeuges mit MPK+ mit einem Fahrzeug mit Schraubenkupplung, der zumindest für eine Übergangsphase zu berücksichtigen ist. Da hier wie bisher manuell gekuppelt werden muss, wird von denselben Gefährdungen wie bislang auch ausgegangen und die Funktion daher als nicht sicherheitsrelevant eingeschätzt.

Die Funktionen Übertragung von Daten und Übertragung von Energie zwischen Fahrzeugen wurden für sich genommen als nicht sicherheitsrelevant eingestuft, da nur im Zusammenhang mit anderen Funktionen, die auf eine sichere Datenübertragung oder Energieversorgung angewiesen sind, eine Sicherheitsrelevanz entsteht, die dann bei Behandlung dieser Funktionen mit betrachtet wird.

Von den Funktionen, die in Tabelle 9 als sicherheitsrelevant bewertet wurden, fallen unter die in Abstimmung mit dem Auftraggeber festgelegte Mindestspezifikation der zusammen mit der MPK+ einzuführenden Funktionen die folgenden (vgl. Tabelle 9):

(1) Automatisches Bereitstellen der Fahrzeuglänge

(2) Automatisches Bereitstellen der Fahrzeugidentifikation (Fahrzeugnummer)

(3) Zuginterne Zugintegritätsüberwachung

(4) (teilweises) Ersetzen der Gleisfreimeldeanlage

Nur diese werden in der Untersuchungsphase, die das vorliegende Projekt umfasst (im Weiteren Phase 1 genannt), bezüglich der Sicherheitsaspekte weiter betrachtet.

4.3 Überprüfung auf signifikante Änderung

Folgende Kriterien sind gemäß CSM-RA bei der Prüfung der sicherheitsrelevanten Funktionen auf die Signifikanz der damit einhergehenden Änderung heranzuziehen und auf qualitative Weise zu bewerten (in Klammern befinden sich die möglichen Ausprägungen):

- Ausfallfolgen (mögliche Ausfallfolgen der Änderung minimal-gering-mittel-hoch)
- Innovative Elemente (Innovation der Änderung gering-hoch)
- Komplexität der Änderungen (gering-hoch)
- Überwachung (Überwachbarkeit der Änderung gering-hoch)
- Umkehrbarkeit (Änderung umkehrbar-nicht umkehrbar)
- additive Wirkung (Bezug zu früher eingeführten Änderungen nicht signifikanter Art)

Hinsichtlich einer näheren Erläuterung der Kriterien zur Signifikanzbeurteilung wird auf die CSM-RA [EU-Kommission2009] bzw. auch [Geisler2012] verwiesen, in dem ein Modell zur Signifikanzentscheidung nach CSM-RA bei technischen, betrieblichen oder organisatorischen Änderungen innerhalb der DB AG vorgestellt wird. Die Bewertung der Signifikanz erfolgt dort mit Hilfe einer Signifikanzmatrix, deren zentrales Kriterium die Ausfallfolgen einschließlich der Unsicherheit bei dieser Einschätzung darstellt. Die Unsicherheit wird anhand der Kriterien Innovation und Komplexität beschrieben. Die Kriterien Überwachbarkeit und Umkehrbarkeit dienen der Verschiebung der Signifikanzlinie. Die additive Wirkung ist selbst kein direktes Bewertungskriterium in der Matrix, sie dient zur (zeitlichen) Abgrenzung der vorläufigen Systemdefinition [Geisler2012].

Die Bewertung der sicherheitsrelevanten Funktionen in Phase 1 ergibt folgendes Ergebnis:

Funktion	Ausfallfolgen	Innovation	Komplexität	Überwachbarkeit	Umkehrbarkeit
(1)	hoch	hoch	hoch	hoch	umkehrbar
(2)	gering	hoch	hoch	hoch	umkehrbar
(3)	hoch	hoch	hoch	hoch	umkehrbar
(4)	hoch	hoch	hoch	gering	n. umkehrbar

Tabelle 10: Bewertungskriterien der sicherheitsrelevanten Funktionen in Phase 1

Die möglichen Ausfallfolgen werden bei der Funktion Automatisches Bereitstellen der Fahrzeugidentifikation (2) als gering eingeschätzt, dabei wurde die additive Wirkung im Zusammenhang mit der möglichen Einführung des fernauslösbaren Entkuppelns (diese Funktion wird jedoch nicht in Phase 1 betrachtet) bereits berücksichtigt. Andernfalls wären die Ausfallfolgen als minimal eingeschätzt worden, denn eine fehlerhafte Bereitstellung der Fahrzeugnummern hat für sich genommen keine Auswirkungen auf die Sicherheit, da die Bestimmung der Fahrzeugreihenfolge im Zugverband und insbesondere die Erkennung des letzten Fahrzeuges auf anderem Weg, und zwar durch die Kupplungssensorik als Teil der Zugintegritätsüberwachung, erfolgt. Im Kontext mit dem fernauslösbaren Entkuppelvorgang besteht jedoch eine Sicherheitsrelevanz, wenn die Auswahl der beiden Fahrzeuge, die entkuppelt werden sollen, auf Basis der Fahrzeugnummern erfolgt. Wird hier eine Nummer fehlerhaft bereitgestellt, kann ein Entkuppelvorgang an einer nicht gewünschten Trennstelle ausgelöst werden, der wiederum zu einem Schaden führen kann.

Die Aussagen zur Überwachbarkeit und Umkehrbarkeit unterscheiden sich bei Zugintegritätsüberwachung (3) und Ersetzen der Gleisfreimeldeanlage (4) deshalb, weil beim Ersatz von dann nicht mehr vorhandenen Gleisfreimeldeanlagen ausgegangen werden muss, so dass die neuen Funktionen nicht mehr mit vorhandenen Mitteln überwachbar sind und das System (ohne bauliche Änderungen) nicht in den Zustand vor Einführung der Änderung zurückgeführt werden kann. Bei der reinen Betrachtung der Funktionalität Zugintegritätsüberwachung wird der Wegfall von Gleisfreimeldeanlagen hingegen noch nicht angenommen.

Aus dieser Bewertung ergibt sich folgende Position der Funktionen in der Signifikanzmatrix:

Unsicherheit der Aussage über mögliche Unfallfolgen	hoch		(2)		(1), (3), (4)
	mittel				
	gering				
	minimal				
		minimal	gering	mittel	hoch
		mögliche Ausfallfolgen			

Tabelle 11: Signifikanzmatrix für die sicherheitsrelevanten Funktionen in Phase 1

Die roten Felder bedeuten eine signifikante Änderung, die grünen Felder eine nicht signifikante Änderung. Die gelben Felder stellen die unscharfe Signifikanzgrenze dar und werden in Abhängigkeit der Kriterien Überwachbarkeit und Umkehrbarkeit einem der beiden Bereiche (rot/grün) zugeschlagen. Die Funktion (2), Automatisches Bereitstellen der Fahrzeugidentifikation, wird demnach als nicht signifikant beurteilt, da sich die Grenze der grünen Felder aufgrund der gegebenen hohen Überwachbarkeit und der Umkehrbarkeit um zwei Felder nach rechts verschiebt. Die drei anderen

Funktionen ergeben gemäß Tabelle 11 eine signifikante Änderung und sind bezüglich des Risikobewertungsverfahrens im Folgenden weiter zu betrachten.

4.4 Systemdefinition

4.4.1 Vorgehen

Der Entwurf einer Systemdefinition in Bezug auf die sicherheitsrelevanten Funktionen ist die Voraussetzung für deren weitere Betrachtung im Rahmen einer Risikoanalyse. Gemäß CSM-RA sind dabei vor allem folgende Aspekte zu berücksichtigen:

- Erläuterung der Zweckbestimmung des (Teil-) Systems
- Darstellung der sicherheitsrelevanten Funktionen und Bestandteile
- Beschreibung der Systemschnittstellen (physisch und funktional)
- Einordnung der Änderung in das Gesamtsystem
- Darstellung der getroffenen Annahmen, die die Grenzen der Risikobewertung bestimmen

Die Systemdefinition erfolgt ausgehend von der in Phase 1 betrachteten Mindestspezifikation, d. h. Einführung der MPK+ in Verbindung mit einer zuginternen Zugintegritätsüberwachung sowie automatisch bereitgestellten Fahrzeuglängen für die Ermittlung der Zuglänge bei der Zugtaufe. Bei diesen beiden Funktionen handelt es sich um Fahrzeugfunktionen, weswegen für die Sicherheitsbetrachtung die Sicherheitsrichtlinie Fahrzeug (SIRF) und der Technische Sicherheitsplan (TeSiP) zu berücksichtigen sind. Die automatische Bereitstellung der Fahrzeuglängen wird – obwohl inhaltlich möglich - nicht als eine Unterfunktion der Zugintegritätsüberwachung betrachtet, da auf analoge Weise auch andere Fahrzeuginformationen als die Fahrzeuglänge bereitgestellt werden könnten, diese jedoch nicht im Rahmen der Zugintegritätsüberwachung verarbeitet werden und somit dann keine Unterfunktion von dieser darstellen würden.

Als dritte im Rahmen der Systemdefinition zu betrachtende Funktion kommt das Ersetzen der Gleisfreimeldeanlage hinzu. Die Funktionalität basiert auf den beiden Fahrzeugfunktionen, geht aber mit der Forderung, dass ein Verzicht auf Gleisfreimeldeanlagen möglich sein soll, darüber hinaus. Denn für diesen Fall ist neben der zuginternen Überwachung der Zugintegrität auch die Zugortung auf andere Weise als bisher zu realisieren, damit Frei- und Besetztmeldungen ohne Gleisfreimeldeanlagen generiert werden können. Hierfür ist das europäische Zugbeeinflussungssystem ETCS (European Train Control System) zu berücksichtigen, dessen Spezifikation für Level-3 die Realisierung der Zugortung und Zugvollständigkeitsmeldung ebenfalls fahrzeugseitig mittels der ETCS-Fahrzeugeinrichtung vorsieht [UNISIG SUBSET-026].

Für die Einführung der zuginternen Zugintegritätsüberwachung wird der Betrieb mit ETCS-Level-3 vorausgesetzt und ETCS damit als unveränderliches und hinreichend sicheres System angenommen. Folglich ist ETCS zwar kein Bestandteil des definierten Systems, jedoch sind für die detaillierte Spezifikation von ETCS-Level-3 die Grundlagen als Teil des unveränderlichen Systemkontextes zu berücksichtigen. Ein solches Vorgehen lässt prinzipiell auch einen späteren Einsatz der Zugintegritätsüberwachung unabhängig von ETCS in Kombination mit einem anderen Zugbeeinflussungssystem zu.

Für alle drei Funktionen wird das technische System definiert, menschliche Handlungen, z. B. durch den Triebfahrzeugführer, sind daher nicht Bestandteil der Systemdefinition.

4.4.2 Überblick Gesamtsystem

Bevor die Aspekte der Systemdefinition nach CSM-RA differenziert nach den drei genannten Funktionen erläutert werden, zeigen Abbildung 18 und Abbildung 19 auf den Folgeseiten die Systembestandteile mit ihren jeweiligen sicherheitsrelevanten Einzelfunktionen und Schnittstellen im Gesamtkontext.

Jedes Fahrzeug im Zugverband besitzt ein Fahrzeugdatengerät (Vehicle Information Device, VID) und eine Kupplungssensorik, die aus zwei an jedem Fahrzeugende in die MPK+ integrierten Kupplungssensoren (Coupler Monitor Device, CMD) besteht. Hierbei ist mit "Sensor" nicht zwingend genau ein Gerät gemeint, sondern in Abgrenzung zu der das komplette Fahrzeug umfassenden "Sensorik" alle für die Erkennung des Kupplungszustandes notwendigen Geräte eines Fahrzeugendes. Diese Endgeräte können über die Datenleitung mit dem aktiven Zugspitzengerät (Head End Device, HED) im Triebfahrzeug kommunizieren. Zum Leiten der Datenströme innerhalb des Netzwerkes sind in jedem Fahrzeug zwei Netzwerkknoten anzuordnen. Der

Netzwerkaufbau erfolgt wie in Abschnitt 3.3.1 beschrieben nach dem IEC-61375 Modell als Train-Backbone-Netzwerk, die Netzwerkknoten entsprechen dann den Train-Backbone-Nodes (TBN). Die Daten- und Energieübertragung zwischen den Fahrzeugen erfolgt mittels der Datenleitungskupplung. Das Zugspitzengerät besitzt Schnittstellen für die Stromversorgung des Netzwerkes, für Bedienhandlungen des Triebfahrzeugführers und zur ETCS-Fahrzeugeinrichtung, an welche die im Rahmen der Zugtaufe ermittelte Zuglänge übergeben wird sowie die Statusmeldungen zur Zugintegrität übermittelt werden.

Die ETCS-Fahrzeugeinrichtung kommuniziert kontinuierlich mit dem Radio Block Centre (RBC) und übermittelt diesem die aktuelle Position und Länge des Zuges. Vom RBC werden diese Informationen an das Stellwerk weiter geleitet. Dort erfolgt weiterhin das Prüfen, Einstellen und Sichern des Fahrweges für den jeweiligen Zug. Die daraus resultierenden Informationen mit Relevanz für den Zug bzw. Triebfahrzeugführer werden auf umgekehrten Weg über das RBC an die ETCS-Fahrzeugeinrichtung übermittelt.

Im Rahmen einer detaillierten Spezifikation von ETCS-Level-3 ist die sichere Bereitstellung der entsprechenden Zugdaten, insbesondere der aktuellen Zuglänge im Anschluss an jede Zugtaufe, sowohl vom Zugspitzengerät an die ETCS-Fahrzeugeinrichtung als auch in Folge von dieser an die Streckeneinrichtungen (RBC, sowie vom RBC ans Stellwerk) zu berücksichtigen.

Grundlagen für einen Sicherheitsnachweis

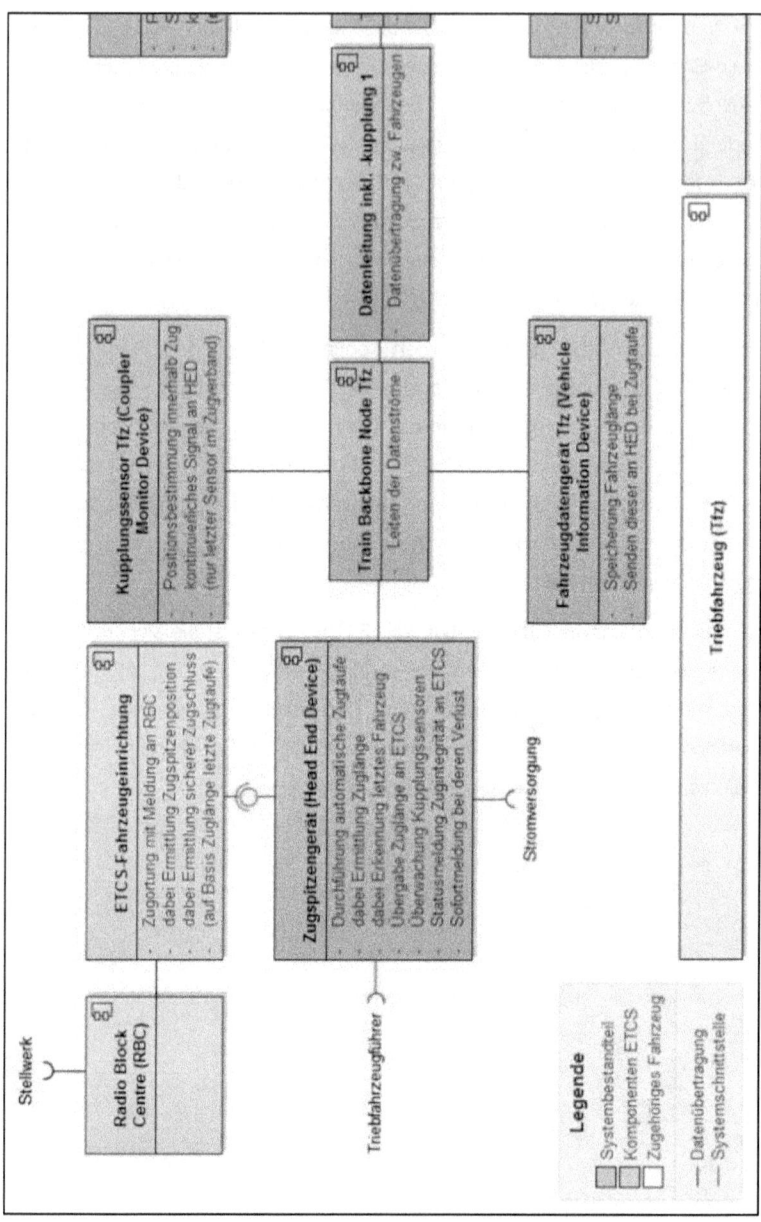

Abbildung 18: Systembestandteile mit Einzelfunktionen und Schnittstellen (Teil 1)

Grundladen für einen Sicherheitsnachweis

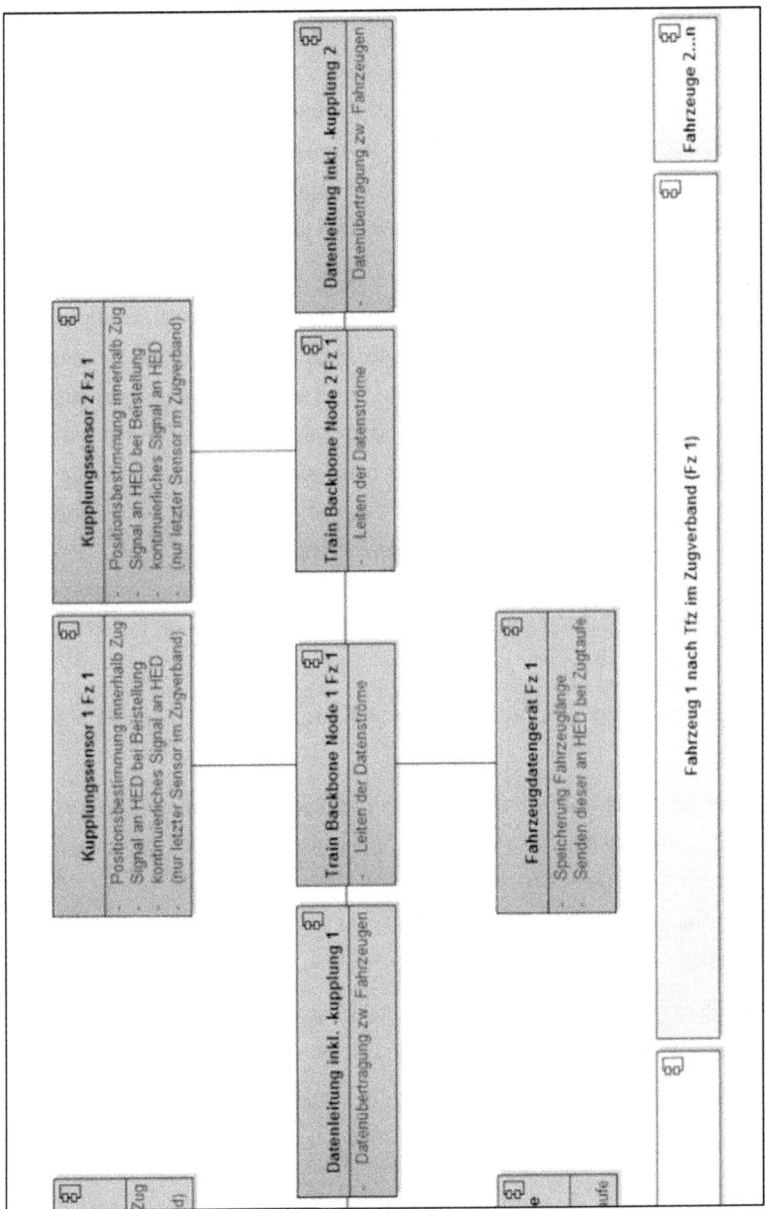

Abbildung 19: Systembestandteile mit Einzelfunktionen und Schnittstellen (Teil 2)

4.4.3 Automatisches Bereitstellen der Fahrzeuglänge

Die Funktion beinhaltet die automatische Übermittlung der Fahrzeuglänge eines jeden Fahrzeuges im Zugverband vom jeweiligen Fahrzeugdatengerät an das aktive Zugspitzengerät. Die Übermittlung erfolgt auf dessen Anfrage hin im Rahmen der Zugtaufe. Die Verarbeitung der Fahrzeuglängen im Zugspitzengerät zur Zuglänge ist nicht mehr Bestandteil dieser Funktion, sondern Teil der zuginternen Zugintegritätsüberwachung (siehe Folgeabschnitt).

Bisher werden die Fahrzeuglängen im Schienengüterverkehr manuell bereitgestellt, diese Vorgehensweise stellt folglich das Referenzsystem dar. Zweck der Änderung, die mit dieser neuen Funktion einhergeht, ist die Vereinfachung der Zugvorbereitung. Diese beinhaltet gemäß TSI Verkehrsbetrieb und Verkehrssteuerung alle Tätigkeiten, mit denen ein Zug für den sicheren Betriebseinsatz vorbereitet wird. Die automatische Bereitstellung der Fahrzeuglängen dient zur Vereinfachung bei der Ermittlung der Zuglänge, deren sichere Bereitstellung eine wichtige Teilfunktion von ETCS-Level-3 bildet. Durch das Ersetzen des manuellen Vorgehens können menschliches Fehlverhalten vermieden und Zeitersparnisse bei der Zugvorbereitung erreicht werden.

Die Funktion erfordert folgende Systembestandteile aus Abbildung 18 und Abbildung 19:

- 1 Fahrzeugdatengerät in jedem Fahrzeug des Zugverbandes, in welchem die jeweilige Fahrzeuglänge gespeichert ist und das auf Anfrage des Zugspitzengerätes die Länge an dieses sendet
- Zughauptleitung mit Train-Backbone-Nodes und Datenleitung inkl. -kupplung zur Datenübertragung bzw. Stromversorgung

Eine systeminterne Schnittstelle besteht zum Zugspitzengerät, in welchem die Fahrzeuglängen im Rahmen der Funktion Zugintegritätsüberwachung verarbeitet werden.

Folgende generelle Betriebsszenarien sind für den Einsatz der Funktion zu unterscheiden:

Szenario	Beschreibung
Regelfall	Im Rahmen der Zugtaufe erfolgt eine Anfrage vom Zugspitzengerät an alle Fahrzeugdatengeräte im Zugverband, diese senden daraufhin die Fahrzeuglänge an das Zugspitzengerät.
Ausfall der Funktion	Von mindestens einem Fahrzeugdatengerät wird keine Länge über-mittelt. Das Ergebnis der automatischen Zugtaufe ist dann eine Fehlermeldung und die Zugtaufe muss manuell durchgeführt werden.

Tabelle 12: Generelle Betriebsszenarien Automatisches Bereitstellen der Fahrzeuglänge

Bei der Einordnung der Änderung in das Gesamtsystem wird sich an der Sicherheitsrichtlinie Fahrzeug (SIRF) orientiert, da es sich um eine Fahrzeugfunktion handelt. Der Technische Sicherheitsplan (TeSiP) als Anlage 1 zur SIRF, Modul 400, beinhaltet eine Übersicht von derzeitigen Fahrzeugfunktionen einschließlich deren Gefährdungseinstufung [TeSiP]. Die Funktionen sind dabei in Haupt-, Teil- und Unterfunktionen gegliedert. Bei Einführung einer neuen Fahrzeugfunktion wird eine projektspezifische Ergänzung bzw. Änderung der TeSiP-Funktionsliste gemäß SIRF, Modul 200, erforderlich. Dafür wird vorgeschlagen das automatische Bereitstellen der Fahrzeuglänge als neu zu ergänzende Unterfunktion 11 innerhalb der Hauptfunktion K (Fahrzeug übergeordnet leiten) zu ergänzen. Die Hauptfunktion K beinhaltet bisher 10 Unterfunktionen, darunter die Branderkennung, die Automatische Fahr- und Bremssteuerung und die Automatische Bremsprobe. In diesem Zusammenhang wird angeregt über eine andere Bezeichnung der Hauptfunktion K nachzudenken, wie z. B. Fahrzeug im Zug- oder Rangierverband steuern und überwachen, da die bisherige Bezeichnung missverständlich sein kann.

4.4.4 Zuginterne Zugintegritätsüberwachung

Die Funktion umfasst die zuginterne Überwachung der Zugintegrität, d. h. Veränderungen in der Zugzusammensetzung müssen erkannt und an das Zugbeeinflussungssystem, z. B. ETCS, gemeldet werden. Eine Veränderung der Zugzusammensetzung beinhaltet sowohl die Beistellung weiterer Fahrzeuge als auch die Trennung des Zuges an einer beliebigen Stelle im Zugverband. Eine Veränderung der Zugzusammensetzung geht immer einher mit einer Veränderung der tatsächlichen Zuglänge. Daher ist eine wesentliche Aufgabe der Funktion die aktuelle tatsächliche Zuglänge zu erkennen und dem Zugbeeinflussungssystem bereitzustellen. Aufgrund dessen ist die automatische Zugtaufe, in deren Rahmen Zugzusammensetzung und Zuglänge ermittelt werden, auch ein zentraler Bestandteil dieser Funktion. Wird durch die Zugintegritätsüberwachung eine Veränderung der Zugzusammensetzung festgestellt, erfolgt automatisch eine neue Zugtaufe und damit die Aktualisierung der Zuglänge.

Bisher wird die Zugvollständigkeit über ortsfeste Gleisfreimeldeanlagen wie Gleisstromkreise oder Achszähler festgestellt. Diese Anlagen sind Teil der Eisenbahninfrastruktur. Die Gleisfreimeldeanlage stellt folglich das Referenzsystem dar. Zweck der Änderung, die durch die neue fahrzeugseitige Funktion entsteht, ist die Herstellung der Voraussetzung, um zum einen Strecken mit ETCS-Level-3 betreiben und zum anderen auf ortsfeste Gleisfreimeldeanlagen verzichten zu können. Durch letzteres würden infrastrukturseitige Kosteneinsparungen möglich. Ein weiterer Änderungszweck liegt in der Vereinfachung der Zugvorbereitung und einer außerplanmäßigen Zugvollständigkeitskontrolle. Die Vereinfachung resultiert in beiden Fällen aus dem Ersetzen manueller Handlungen, wodurch sowohl menschliches Fehlverhalten vermieden als auch Zeitersparnisse erreicht werden können.

Die Funktion nimmt folgende Systemkomponenten aus Abbildung 18 und Abbildung 19 in Anspruch:

- Kupplungssensorik in jedem Fahrzeug des Zugverbandes, bestehend aus zwei in die MPK+ integrierten Sensoren, die ihre relative Position im Zugverband bestimmen können (zur Ermittlung der Fahrzeugreihenfolge bei der Zugtaufe), im Fall der Beistellung als weiteres Fahrzeug im Zugverband ein Signal an das Zugspitzengerät senden und im Fall des letzten Fahrzeuges und Sensors im Zugverband permanent mit dem Zugspitzengerät kommunizieren. Hierbei ist mit "Sensor" nicht zwingend genau ein Gerät gemeint, sondern in Abgrenzung zu der das komplette Fahrzeug umfassenden "Sensorik" alle für die Erkennung des Kupplungszustandes notwendigen Geräte eines Fahrzeugendes.
- Zughauptleitung mit Train-Backbone-Nodes und Datenleitung inkl. -kupplung zur Datenübertragung bzw. Stromversorgung

- Zugspitzengerät zur Durchführung der automatischen Zugtaufe, zur Überwachung der Kupplungssensoren des letzten Fahrzeuges und zur Kommunikation mit der ETCS-Fahrzeugeinrichtung (Übergabe der im Rahmen der Zugtaufe ermittelten Zuglänge und Statusmeldungen zur Zugintegrität bzw. Sofortmeldung bei deren Verlust)

Die Verwendung von zwei Kupplungssensoren pro Fahrzeug geschieht aus betrieblichen Gründen. Für die Funktionen Erkennung einer Zugtrennung und Erkennung neu beigestellter Fahrzeuge ist prinzipiell ein Sensor ausreichend. Da dies aber nicht wünschenswerte betriebliche Folgen hätte (Ausrichtung des letzten Fahrzeuges so, dass die Kupplung mit dem Sensor den Zugschluss bildet) wird in jede Kupplung ein Sensor integriert. Im Fall der Erkennung eines neu beigestellten Fahrzeugs, z. B. bei einem ungewollten Kuppelvorgang nach der Zugtaufe, hat dies auch einen Redundanzeffekt, da unverzüglich nach dem Kuppelvorgang beide Kupplungssensoren des neuen Fahrzeuges automatisch ein Signal an das HED senden, woran dieses den Verlust der Zugintegrität sowie die Notwendigkeit einer neuen Zugtaufe erkennt.

Das Zugspitzengerät besitzt Schnittstellen für die Stromversorgung des Netzwerkes, für Bedienhandlungen des Triebfahrzeugführers (z. B. Quittieren des Ergebnisses der automatischen Zugtaufe) und zur ETCS-Fahrzeugeinrichtung.

Folgende generelle Betriebsszenarien sind für den Einsatz der Funktion zu unterscheiden:

Szenario	Beschreibung
Regelfall	Durchführung der automatischen Zugtaufe vor Beginn der Zugfahrt, damit Initialisierung der zuginternen Überwachung der Zugintegrität inkl. Statusmeldungen an ETCS. Bei erkannter Veränderung der Zugzusammensetzung wird automatisch eine neue Zugtaufe durch-geführt und die dabei neu ermittelte Zuglänge ETCS bereitgestellt.
Ausfall der Funktion	Entweder Ausfall wird durch System selbst erkannt und ETCS gemeldet oder ETCS-Fahrzeugeinrichtung erhält keine Statusmeldung vom Zugspitzengerät. In beiden Fällen muss ETCS von einem Verlust der Zugintegrität ausgehen und der aktuell durch den Zug besetzte Fahrwegabschnitt gilt weiterhin als besetzt.

Tabelle 13: Generelle Betriebsszenarien Zuginterne Zugintegritätsüberwachung

Bei der Einordnung der Änderung in das Gesamtsystem wird sich ebenfalls an der Sicherheitsrichtlinie Fahrzeug orientiert, da es sich auch hier um eine Fahrzeugfunktion handelt. Für die Ergänzung bzw. Änderung der TeSiP-Funktionsliste wird vorgeschlagen, die zuginterne Zugintegritätsüberwachung als neu zu ergänzende Unterfunktion 12 innerhalb der Hauptfunktion K (Fahrzeug übergeordnet leiten) zu ergänzen.

Die Funktion der Zugintegritätsüberwachung ist – schon dem Namen nach – nicht für den Rangierbetrieb vorgesehen, dennoch wird an dieser Stelle darauf verwiesen, dass die Nutzung der beschriebenen Systembestandteile grundsätzlich auch für den Rangierbetrieb vorteilhaft sein kann. Allerdings muss ETCS in diesem Fall um Funktionen ergänzt werden, die das Zugspitzengerät nicht mehr zwingend an der Zugspitze erwarten, sondern an beliebiger – gleichwohl aber genau bestimmter – Position im Zugverband.

4.4.5 Ersetzen der Gleisfreimeldeanlage

Die Funktion basiert auf den beiden vorangegangenen Fahrzeugfunktionen, geht aber mit der Forderung, dass ein Verzicht auf Gleisfreimeldeanlagen möglich sein soll, darüber hinaus. Insofern ist – wie bereits in Abschnitt 4.4.1 erläutert – die Zugortung durch die ETCS-Fahrzeugeinrichtung in die Betrachtung einzubeziehen. Eine Oberfunktion, die dabei durch die ETCS-Fahrzeugeinrichtung zu realisieren ist, besteht in der Bereitstellung der sicheren Zuglänge [UNISIG SUBSET-026]. Der Begriff „sicher" bedeutet an dieser Stelle, dass Ungenauigkeiten bei der Wegstreckenmessung ab der letzten Referenzbalisengruppe bereits berücksichtigt sind.

Für die Ermittlung der sicheren Zuglänge ist die sichere Bereitstellung der tatsächlichen Zuglänge Voraussetzung, was somit eine entsprechende Unterfunktion darstellt. Hier befindet sich die Schnittstelle zwischen dem betrachteten System und ETCS. Die bei der Zugtaufe ermittelte Zuglänge wird vom Zugspitzengerät der ETCS-Fahrzeugeinrichtung bereitgestellt (Bereitstellung Teil der Systemdefinition), die sie zur Ermittlung der sicheren Zuglänge weiter verarbeitet (Verarbeitung außerhalb der Systemdefinition). Grund für die so gesetzte Systemgrenze ist, dass für die Einführung der zuginternen Zugintegritätsüberwachung der Betrieb mit ETCS-Level-3 als unveränderlicher Systemkontext vorausgesetzt wird. Folglich ist ETCS kein Bestandteil des zu definierenden Systems und die Systembestandteile aus Abbildung 18 und Abbildung 19 sowie die daraus resultierende Systemgrenze bleiben für die Funktion Ersetzen der Gleisfreimeldeanlage unverändert. Es ergeben sich jedoch für die im Rahmen der Systemdefinition zu berücksichtigenden Aspekte Ergänzungen im Vergleich zu den betrachteten Fahrzeugfunktionen, auf die im Folgenden eingegangen wird.

Das Referenzsystem stellt, da sie ersetzt werden soll, folgerichtig die Gleisfreimeldeanlage dar. Der Zweck der Änderung, die durch den (teilweisen) Verzicht auf ortsfeste Gleisfreimeldeeinrichtungen resultiert, besteht in vermiedenen Investitionen bei Neubau- oder Erneuerungsmaßnahmen sowie dem Senken der Instandhaltungskosten.

Der Funktion liegen dieselben Systemkomponenten und Einzelfunktionen wie den vorangegangen beschriebenen zwei Fahrzeugfunktionen zugrunde (vgl. Abbildung 18, Abbildung 19 und Abschnitte 4.4.3 sowie 4.4.4). Zu den in diesen Abschnitten aufgeführten Betriebsszenarien sind bei der vorliegenden Funktion weiterhin zu unterscheiden nach:

- Ersetzen der Gleisfreimeldeanlagen auf der freien Strecke
- Ersetzen der Gleisfreimeldeanlagen in Bahnhöfen

Bei einem Verzicht von Gleisfreimeldeanlagen auf Hauptgleisen in Bahnhöfen ist zusätzlich die Sicherstellung der Abstandshaltung im Fall von Rangiervorgängen und Fahrzeugabstellungen zu berücksichtigen. Dies kann z. B. durch betriebliche Maßnahmen und/oder Realisierung einer technischen Lösung umgesetzt werden. Ein mögliches Ersetzen der Anlagen ist daher in Abhängigkeit der örtlichen Situation (Größe des Bahnhofs, Anzahl und Nutzung der Gleise etc.) für jeden Bahnhof einzeln zu betrachten und zu entscheiden. Im Folgenden wird nur das Ersetzen der Gleisfreimeldeanlagen auf der freien Strecke weiter betrachtet.

Als weiteres mögliches Betriebsszenario ist das Nachschieben von Zügen zu nennen: Auch in diesen Fällen muss beim Verzicht auf Gleisfreimeldeanlagen die Abstandshaltung sichergestellt werden. Dies wird als gegeben angenommen, da – bei Voraussetzung eines Betriebes mit ETCS-Level-3 – Nachschieben dann nur mit gekuppeltem Schiebetriebfahrzeug zulässig ist. Ebenfalls wird die Ausrüstung der Nebenfahrzeuge, die auf ETCS-Level-3-Strecken verkehren sollen, mit ETCS sowie einer zuginternen Zugintegritätsüberwachung vorausgesetzt.

4.5 Vereinfachte Risikoanalyse

4.5.1 Vorgehen

Auf Grundlage der erstellten Systemdefinition erfolgt eine vereinfachte Risikoanalyse für die betrachteten Funktionen. Zur Bestimmung folgender Begriffe werden die jeweiligen Definitionen nach [DIN EN 50129] bzw. im Fall von „error" und „common cause failure" nach zukünftiger [DIN EN 50126neu] verwendet:

- Fehlaussage (error): Nichtübereinstimmung zwischen Rechenergebnissen, beobachteten oder gemessenen Werten oder Beschaffenheiten und den betreffenden wahren, spezifizierten oder theoretisch richtigen Werten oder Beschaffenheiten
- Ausfall/Fehlerursache (fault): abnormaler Zustand, der zu einer/ einem Fehlfunktion/Ausfall in einem System führen kann

- Fehlfunktion/Fehler (failure): Abweichung vom spezifizierten Verhalten des Systems als Folge einer Fehlaussage oder Fehlerursache
- Ausfall infolge gemeinsamer Ursache (common cause failure): Ausfälle verschiedener Einheiten aufgrund derselben Ursache und diese Ausfälle beruhen nicht auf gegenseitiger Ursache
- Gefährdung (hazard): Bedingung, die zu einem Unfall führen kann
- Unfall (accident): nicht beabsichtigtes Ereignis oder eine Reihe von Ereignissen mit der Folge von Toten, von Verletzten, des Verlustes eines Systems oder von Umweltschäden

Während Fehlaussage, Fehlerursache und Fehlfunktion immer konkreten Systemen bzw. Systemkomponenten zugeordnet sind, entstehen Gefährdungen im Zusammenhang mit Betriebsprozessen und stellen ein Versagen einer betrieblichen Funktion dar (vgl. z. B. [Bosse2014]).

Im Rahmen der Risikoanalyse werden in einem ersten Schritt mögliche Gefährdungen identifiziert. Für die beiden zu betrachtenden Fahrzeugfunktionen erfolgt anschließend eine Einstufung der ermittelten Gefährdungen in eine Sicherheitsanforderungsstufe nach einer qualitativen Methode gemäß Verfahren der Sicherheitsrichtlinie Fahrzeug, Modul 400 [SIRF 400]. Für die Funktion Ersetzen der Gleisfreimeldeanlage wird zur Gefährdungseinstufung die semi-quantitative Methode der Risc Score Matrix nach [DIN VDE V 0831-103] angewendet, da das Ersetzen selbst keine Fahrzeugfunktion darstellt und in dieser Vornorm für die Funktionen des Referenzsystems Gleisfreimeldeanlage bereits Sicherheitsanforderungen nach derselben Methode ermittelt worden sind.

In einem weiteren Schritt wird für die Fahrzeugfunktionen aufgrund nicht vorhandener geeigneter Referenzsysteme der Weg der expliziten Risikoabschätzung gewählt, indem die jeweilige primäre Gefährdung bestimmt und die Sicherheitsverantwortung mittels eines Gefährdungsbaumes nach [SIRF 400] auf die einzelnen Elemente der Systemarchitektur aufgeteilt wird. Als Ergebnis resultiert für jedes Element mit Sicherheitsverantwortung eine entsprechende Sicherheitsanforderungsstufe.

Für die Funktion Ersetzen der Gleisfreimeldeanlage wird als Risikoakzeptanzkriterium MGS (mindestens gleiche Sicherheit) gewählt und der Vergleich mit einem Referenzsystem durchgeführt. Als Referenzsystem dient der Gleisstromkreis, da für Achszählsysteme eine höhere Zuverlässigkeit angenommen wird. Aus dem Vergleich folgen Bereiche, in denen die neue Funktion innerhalb des Referenzsystems bleibt, sowie möglicherweise Punkte, in denen dies nicht der Fall ist bzw. zu denen vertiefte Untersuchungen (außerhalb dieses Projektes) erfolgen müssen.

4.5.2 Gefährdungsidentifikation

Abbildung 20 zeigt die möglichen Gefährdungen, die auf Grundlage der Systemdefinition identifiziert wurden, und deren Zusammenhänge untereinander. Die Pfeile in der Abbildung bedeuten „mögliche Ursache für".

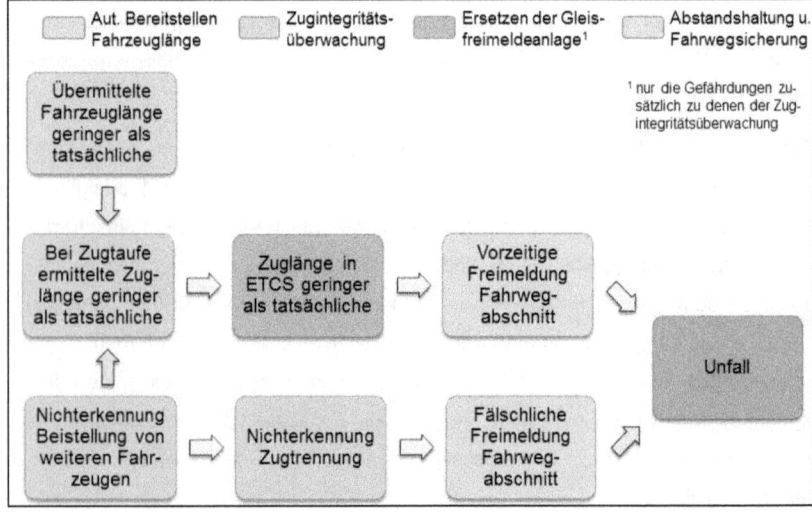

Abbildung 20: Überblick zu den ermittelten Gefährdungen und deren Folgen

Die grau dargestellten Kästen beinhalten Gefährdungen, die das Versagen von betrieblichen Funktionen darstellen, die außerhalb der Systemdefinition liegen, aber in Folge der für das neue System ermittelten Gefährdungen entstehen können. Mögliche Unfälle, die bei dieser Betrachtung aufgrund einer vorzeitigen Freimeldung des Fahrwegabschnittes entstehen können, sind:

- Entgleisung des Zuges durch Umstellung eines beweglichen Fahrwegelements
- Zusammenstoß mit einem anderen Zug (Auffahren)

- Zusammenstoß mit einem anderen Zug (Flankenfahrt) aufgrund nicht grenzzeichenfrei geräumter Weiche

Mögliche Unfälle, die durch eine fälschliche Freimeldung des Fahrwegabschnittes aufgrund einer nicht erkannten Zugtrennung entstehen können, sind:

- Zusammenstoß mit abgetrenntem Zugteil (Auffahren oder Flankenfahrt)
- Zusammenstoß mit einem nach der Zugtrennung entgleisten Zugteil

Im Folgenden werden die Gefährdungen, die für die jeweiligen Funktionen der Systemdefinition ermittelt wurden, näher erläutert.

4.5.2.1 Automatisches Bereitstellen der Fahrzeuglänge

Bei dieser Funktion ist eine Gefährdung gegeben, wenn mindestens von einem Fahrzeug im Zugverband eine geringere als die tatsächliche Fahrzeuglänge an das Zugspitzengerät (HED) übermittelt wird. Ursachen hierfür können sein:

- Fahrzeugdatengerät (VID) sendet eine falsche Fahrzeuglänge
- Fahrzeuglänge wird bei Datenübertragung verfälscht

Die Gefährdung kann während der automatischen Zugtaufe entstehen und zu weiteren Folgegefährdungen gemäß obiger Abbildung und schließlich zum Unfall führen. Der Ausfall der Funktion (Zugspitzengerät empfängt von mindestens einem (bereits identifizierten) Fahrzeuggerät keine Länge) führt zu keiner Gefährdung, weil das Ergebnis der automatischen Zugtaufe eine Fehlermeldung beinhaltet, die zur manuellen Fortsetzung der Zugtaufe zwingt.

4.5.2.2 Zuginterne Zugintegritätsüberwachung

Dieser Funktion wurden drei Gefährdungen zugeordnet. Die erste bildet das Nichterkennen einer Beistellung von einem weiteren Fahrzeug bzw. Zugteil. Besondere Relevanz erhält diese Gefährdung dadurch, dass mit der MPK+ aufgrund des automatischen Kuppelns zukünftig unbeabsichtigte Kuppelvorgänge stattfinden können, die mit einer Schraubenkupplung bisher nicht möglich sind. Als Beispiel dafür werden zwei Fälle genannt:

Fall 1: Lokführer drückt Güterzug zurück. Im hinteren Teil des Gleises steht noch ein weiterer Wagen, der nicht zum Zug gehört, weil z. B. an ihm ein Defekt wie ein nicht funktionierender Kupplungssensor festgestellt wurde). Bisher kein Kuppelvorgang – neu automatische Kupplung nach der Zugtaufe.

Fall 2: Zug steht fertig gebildet in einem Gleis. Ein weiterer Wagen läuft planmäßig in das Gleis oder bewegt sich ungewollt in diesem Gleis. Bisher kein Kuppelvorgang – neu automatische Kupplung nach der Zugtaufe.

Durch einen Kuppelverhinderungsmechanismus, den die MPK+ auch für die Funktionalität eines automatischen bzw. ferngesteuerten Entkuppelvorgangs benötigt, können beide Fälle zwar vermieden werden. Dennoch ist im Rahmen einer Gefährdungsidentifikation von deren grundsätzlicher Möglichkeit auszugehen und eine Berücksichtigung somit notwendig.

Die Gefährdung kann insbesondere nach der Zugtaufe entstehen und folgende Ursachen haben:

- Kupplungssensorik fehlerhaft, so dass von dieser nach dem Kuppelvorgang kein Signal an das Zugspitzengerät gesendet wird
- fehlerhafte Datenübertragung, dadurch kein eingehendes Signal am Zugspitzengerät
- fehlerhafte Datenleitung inkl. -kupplung, kein eingehendes Signal am Zugspitzengerät
- fehlerhafte Informationsverarbeitung im Zugspitzengerät

Eine Entstehung der Gefährdung bei der Zugtaufe ist ebenfalls aufgrund derselben Ursachen möglich, hier ist eine Erkennung der Fehlfunktion jedoch sehr wahrscheinlich (durch eingehende Daten vom Fahrzeugdatengerät bzw. durch Abgleich mit Soll-Zugzusammensetzung). Die Gefährdung kann zu weiteren Folgegefährdungen gemäß Abbildung 20 und schließlich zum Unfall führen.

Die zweite Gefährdung stellt eine im Rahmen der Zugtaufe zu gering ermittelte Zuglänge dar, d. h. die tatsächliche Zuglänge ist größer. Neben der bereits genannten Gefährdung, aus deren Folge die Gefährdung entstehen kann (vgl. auch Abbildung 20), ist eine weitere mögliche Ursache eine fehlerhafte Informationsverarbeitung im Zugspitzengerät. Auch hier ist ein Erkennen der Fehlfunktion wahrscheinlich, da im Rahmen der Zugtaufe ein Abgleich mit der Soll-Zuglänge erfolgt. Dafür ist vorauszusetzen, dass dem HED elektronische Soll-Daten zur Verfügung stehen, die mit hinreichender Wahrscheinlichkeit verlässliche Angaben enthalten. Die Folgegefährdungen bis zum Unfall können wieder Abbildung 20 entnommen werden.

Die dritte Gefährdung bildet die Nichterkennung einer Zugtrennung. Die Gefährdung kann nach der Zugtaufe entstehen, z. B. auch als Folge einer nicht erkannten Beistellung von weiteren Fahrzeugen (siehe erste Gefährdung). Weitere denkbare Ursachen sind:

- verfälschte Datenübertragung, ein Fake-Signal geht beim Zugspitzengerät ein, obwohl die Kupplungssensoren des vormals letzten Fahrzeuges kein Signal mehr senden
- fehlerhafte Informationsverarbeitung im Zugspitzengerät
- fehlerhaft arbeitende Kupplungssensoren bei der relativen Positionsbestimmung während der Zugtaufe, so dass dadurch das tatsächlich letzte Fahrzeug im Zugverband nicht als solches identifiziert wurde

Die Folgegefährdungen bis zum Unfall können Abbildung 20 entnommen werden.

4.5.2.3 Ersetzen der Gleisfreimeldeanlage

Da die Funktion Ersetzen der Gleisfreimeldeanlage auf den beiden vorangegangen Fahrzeugfunktionen basiert, sind die vier dazu ermittelten Gefährdungen auch hier entsprechend zu berücksichtigen. Darüber hinaus ergibt sich eine weitere Gefährdung, wenn die durch die Zugtaufe bereitgestellte Zuglänge, die zur Bereitstellung der sicheren Zuglänge in ETCS benötigt wird, in ETCS geringer als die tatsächliche Zuglänge ist.

Die Gefährdung kann im direkten Anschluss an eine Zugtaufe, bei der vom Zugspitzengerät die Zuglänge ermittelt worden ist, eintreten. Ursache kann eine fehlerhafte Datenübermittlung vom Zugspitzengerät zur ETCS-Fahrzeugeinrichtung oder eine bereits weiter oben beschriebene Gefährdung (vgl. Abbildung 20) sein. Die möglichen Folgegefährdungen bis zum Unfall können ebenfalls dieser Abbildung entnommen werden.

Gefährdungen, die aus der Verarbeitung der bereitgestellten Zuglänge innerhalb der ETCS-Fahrzeugeinrichtung entstehen können, werden ebenfalls nicht berücksichtigt wie Gefährdungen, die sich bei der Zugpositionsbestimmung durch die ETCS-

Fahrzeugeinrichtung ergeben können. Der Grund liegt jeweils in der Systemdefinition, die ETCS nicht mit einschließt (vgl. Abschnitt 4.4.1 und 4.4.5).

4.5.3 Gefährdungseinstufung

4.5.3.1 Verfahren nach SIRF

Beim Einstufungsverfahren für Gefährdungen von Fahrzeugfunktionen nach SIRF, Modul 400, handelt es sich um eine qualitative Risikographmethode, bei der die Parameter Schaden, Eintrittswahrscheinlichkeit, Expositionszeit und Vermeidung berücksichtigt werden. Diese Parameter sind gemäß [SIRF 400] wie folgt definiert:

- Schaden (**S**): Einstufung des größtmöglichen realistischen Schadens mittels Anzahl der Betroffenen (**S_A**, einer/mehrere/viele) sowie deren Verletzungsgrad (**S_V**, leichtverletzt/schwerverletzt/tot)
- Eintrittswahrscheinlichkeit (**W**): Wahrscheinlichkeit des Eintritts des angenommenen Schadensausmaßes (niedrig/mittel/hoch)
- Expositionszeit (**E**): Bewertung der mittleren Zeitdauer, der man der möglichen Gefährdung ausgesetzt ist (kurz/lang)
- Vermeidung (**V**): Bewertung der Vermeidungsmöglichkeit des Schadensausmaßes nach Auftreten der Gefährdung (möglich/nicht möglich)

Der qualitativen Bewertung der Parameter wird gemäß der Tabelle „Parameter" in [SIRF 400] jeweils eine Punktzahl zugewiesen, aus denen anschließend die Berechnung des Einstufungsindikators I anhand der Formel I = (S x W x E) / V erfolgt. Aus dem ermittelten Einstufungsindikator ergibt sich die Sicherheitsanforderungsstufe **SAS** zwischen 0 und 4 entsprechend der Tabelle „Sicherheitsanforderungsstufe" in [SIRF 400].

Tabelle 14 zeigt die Resultate der nach diesem Verfahren vorgenommenen Einstufung für die Gefährdungen der beiden Fahrzeugfunktionen Automatisches Bereitstellen der Fahrzeuglänge und Zuginterne Zugintegritätsüberwachung.

Gefährdung	S_A	S_V	W	E	V	SAS
Übermittelte Fahrzeuglänge geringer als tatsächliche	Viele	Tote	Niedrig	Lang	Nicht möglich	3
Nichterkennung Zugtrennung	Viele	Tote	Mittel	Lang	Nicht möglich	4
Nichterkennung Beistellung von weiteren Fahrzeugen	Viele	Tote	Mittel	Lang	Nicht möglich	4
Bei Zugtaufe ermittelte Zuglänge geringer als tatsächliche Zuglänge	Viele	Tote	Niedrig	Lang	Nicht möglich	3

Tabelle 14: Ergebnisse des Einstufungsverfahrens nach SIRF

Die Bewertung der Parameter unterscheidet sich bei den vier Gefährdungen nur bei der Eintrittswahrscheinlichkeit W. Das größtmögliche realistische Schadensausmaß wird in allen Fällen gleich bewertet, weil jeweils ein Zusammenstoß mit einem Reisezug möglich ist, der mit hoher Geschwindigkeit verkehrt. Die Expositionszeit wird in allen Fällen als lang angenommen, da die jeweilige Gefährdung über die ganze Zugfahrt bestehen bzw. während der ganzen Zugfahrt eintreten kann. Eine Vermeidungsmöglichkeit ist in allen vier Fällen nicht gegeben, da der Eintritt des Unfallereignisses in der Regel unangekündigt erfolgt und für die Fahrgäste keine wirkungsvolle Möglichkeit besteht, sich vor dem Schaden zu schützen.

Die Bewertung der Eintrittswahrscheinlichkeit – diese bezieht sich darauf, wie wahrscheinlich es nach Eintritt der Gefährdung ist, dass das angenommene Schadensausmaß eintritt - erfolgt gemäß [SIRF 400] in niedrig, mittel oder hoch. Eine niedrige bzw. hohe Eintrittswahrscheinlichkeit ergibt sich, wenn das Schadensausmaß nach Eintritt der Gefährdung nahezu ausgeschlossen ist bzw. nahezu zwangsläufig eintritt. In allen anderen Fällen ist eine mittlere Eintrittswahrscheinlichkeit zu wählen (vgl. [SIRF 400]). Den Gefährdungen aus den Zeilen 2 und 5 in

Tabelle 14 wurde eine niedrige Eintrittswahrscheinlichkeit zugewiesen, da bei deren Eintreten im weiteren Verlauf der automatischen Zugtaufe eine Abweichung von der Soll-Zuglänge festgestellt wird, dies zu einer Fehlermeldung führt und der Triebfahrzeugführer zur manuellen Fortsetzung der Zugtaufe aufgefordert wird. Die mittlere Eintrittswahrscheinlichkeit der Gefährdungen aus den Zeilen 3 und 4 in

Tabelle 14 ist wie folgt begründet:

- Eine vom Überwachungssystem nicht erkannte Zugtrennung kann vom Triebfahrzeugführer z. B. durch Feststellen eines plötzlichen Druckabfalls in den Luftleitungen auf 0 bar erkannt werden, so dass durch regelbasiertes Verhalten gemäß Rasmussen-Modell [Rasmussen1983] rechtzeitig Maßnahmen (u. a. Absetzen eines Notrufes bzw. Nothaltauftrages) ergriffen werden können, die den Eintritt des Unfalls bzw. des Schadensausmaßes verhindern.

- Eine nicht erkannte Beistellung von weiteren Fahrzeugen führt ebenfalls nicht zwangsläufig zum Eintritt des Unfalls. Ist die Folge dieser Gefährdung eine nicht erkannte Zugtrennung im nicht erkannten beigestellten Zugteil, siehe die Ausführungen im vorhergehenden Punkt. Tritt die Gefährdung während der Zugtaufe ein, kann sie durch die dabei ermittelte zu geringe Zuglänge anhand des folgenden Abgleichs mit der Soll-Zuglänge festgestellt werden. Tritt die Gefährdung nach der Zugtaufe ein, muss zwar davon ausgegangen werden, dass ETCS in Folge auf eine geringere als die tatsächliche Zuglänge zurückgreift, der Unfalleintritt hängt dann jedoch auch von weiteren Parametern wie der Betriebsdichte und der Infrastruktur ab (vgl. hierzu auch folgenden Abschnitt 4.5.3.2).

Als Ergebnis der Gefährdungseinstufung resultieren die Sicherheitsanforderungsstufen gemäß

Tabelle 14, d. h. für die Fahrzeugfunktion Automatisches Bereitstellen der Fahrzeuglänge ergibt sich die Sicherheitsanforderungsstufe 3 und für die Fahrzeugfunktion Zugintegritätsüberwachung die Sicherheitsanforderungsstufe 4. Die Sicherheitsanforderungsstufen entsprechen den in DIN EN 50129 definierten Stufen (dort kurz als SIL bezeichnet). SIL 3 und 4 beinhalten nach dieser Norm die Forderung an das System, dass dieses bei Eintritt eines jeden anzunehmenden zufälligen Einzelausfalles sicher bleiben muss (Fail-Safe-Prinzip). Diese Forderung kann im System durch Redundanz, eine sicherheitsgerichtete Ausfallreaktion oder durch unverlierbare Eigenschaften umgesetzt werden [DIN EN 50129].

Einen konkreten Vorschlag zur Ergänzung der beiden neuen Fahrzeugfunktionen in die TeSiP-Funktionsliste beinhaltet Anlage 1 zu diesem Bericht. Diese umfasst sowohl einen Vorschlag zur Ergänzung der Funktionsliste selbst (Arbeitsblatt TeSiP) als auch die Erweiterung der Systemgefährdungen im gleichnamigen Arbeitsblatt um die hier neu identifizierten Gefährdungen. Die Erstellung eines projektspezifischen TeSiPs erfolgt in einer späteren Phase außerhalb dieses Projekts.

4.5.3.2 Verfahren nach DIN VDE V 0831-103

Die Gefährdungseinstufung für die Funktion Ersetzen der Gleisfreimeldeanlage wird mittels des semi-quantitativen Verfahrens Risc Score Matrix nach [DIN VDE V 0831-103] durchgeführt und erfolgt auf Basis der ermittelten Gefährdungen in Abschnitt 4.5.2.3. Von den dort für diese Funktion identifizierten fünf Gefährdungen werden die zwei herangezogen, in deren Folge sich unmittelbar eine Gefährdung im Bereich der Schutzfunktionen Sicherstellung der Abstandshaltung und der Fahrwegsicherung ergeben können. Die anderen drei Gefährdungen führen im Ergebnis zu diesen zwei Gefährdungen (Nichterkennung Zugtrennung und Zuglänge in ETCS geringer als tatsächliche, vgl. Abbildung 20) und müssen daher hier nicht einzeln untersucht werden. Die Betrachtung erfolgt ausschließlich für Güterzüge, da es Aufgabe ist, die Sicherheitsanforderungen des im Schienengüterverkehr einzuführenden Systems der MPK+ zu ermitteln.

In einem ersten Schritt ist für jede Gefährdung die größtmögliche realistische Schadenswirkung abzuleiten und anhand dessen die maßgebende Unfallklasse (A-G) nach [DIN VDE V 0831-103] zu bestimmen. Dies geschieht differenziert nach den auslösenden Bedingungen für den Unfalleintritt, so dass einer Gefährdung mehrere Schadenswirkungen zugeordnet werden können, die im weiteren Verfahren separat betrachtet werden. Durch die Unfallklasse ergibt sich der Referenzpunkt in der Risikomatrix für die Sicherheitsanforderung entsprechend des Risikoakzeptanzkriteriums (RAC), im vorliegenden Fall RAC-TS für technische Systeme mit einer tolerierbaren Gefährdungsrate von 10^{-9} / h im Fall der größtmöglichen Schadenswirkung (Unfallklasse G). Anschließend erfolgt eine Überprüfung der so ermittelten Sicherheitsanforderung mit Hilfe eines Barrierenmodells. Hierbei wird eine mögliche Risikoreduktion durch bestehende Barrieren, z. B. Betriebsdichte oder Anforderungsrate der Funktion, qualitativ eingeschätzt und mit Punkten bewertet. Eine Punktzahl von 2 entspricht einer Risikoreduktion von 0,1 (Faktor 10). Die folgende Tabelle enthält für die zwei betrachteten Gefährdungen die möglichen unterschiedlichen Schadenswirkungen, deren Zuordnung zu einer Unfallklasse sowie die Punktebewertung zur Berücksichtigung vorhandener Barrieren.

Gefährdung	Mögliche Schadenswirkungen	Kürzel	Unfallklasse[5]	Punkte Barriere Anforderungsrate[6]	Punkte weitere Barriere[7]	∑
Nichterkennung Zugtrennung	Zusammenstoß mit abgetrenntem Zugteil	a)	G	6	1	7
Zuglänge in ETCS geringer als tatsächliche	Entgleisung (Güterzug)	b1)	D	0	2	2
	Zusammenstoß (Auffahren)	b2)	G	0	2	2
	Zusammenstoß (Flankenfahrt)	b3)	G	0	1	1

Tabelle 15: Zuordnung von Unfallklassen und Punktebewertung vorhandener Barrieren für die Gefährdungen der Funktion Ersetzen der Gleisfreimeldeanlage

Im Fall a) kann es aufgrund einer aus der Gefährdung resultierenden fälschlichen Freimeldung des Fahrweges zu einem Zusammenstoß mit einem anderen Zug bzw. Zugteil kommen, in den Fällen b2) und b3) hingegen aufgrund einer vorzeitigen Freimeldung des Fahrwegabschnittes. Für alle drei Fälle resultiert die Unfallklasse G, weil es sich jeweils um einen Zusammenstoß mit einem Reisezug, der mit hoher Ge-

---

[5] Gemäß Tabelle 4 [DIN VDE V 0831-103]

[6] Gemäß Tabelle7[DIN VDE V 0831-103]

[7] Gemäß Tabelle9[DIN VDE V 0831-103], aufgrund Berücksichtigung der Eintrittswahrscheinlichkeit

schwindigkeit verkehrt, handeln kann. Im Fall b1) kann es aufgrund einer vorzeitigen Freimeldung eines Fahrwegabschnittes bei der Überfahrt eines beweglichen Fahrwegelements zur Entgleisung eines Güterzuges kommen (fehlender Umstellschutz). Da für den betroffenen Güterzug von einer mittleren Geschwindigkeit ausgegangen wird, ergibt sich Unfallklasse D.

Im Fall a) wird zur Risikoreduktion die Bewertung der Anforderungsrate herangezogen. Die Anforderungshäufigkeit der Funktion ist selten (gemäß Norm typischerweise nicht öfter als einmal in 3 Jahren), denn sie erfolgt nur im Fall einer Zugtrennung. Die Aussage bezieht sich dabei auf einen einzelnen Zug und nicht auf die Gesamtheit aller Zugtrennungen in einem Zeitraum. Die Ausfalloffenbarung wird hingegen als häufig bis dauernd (gemäß Norm einmal täglich oder öfter bzw. auch ständig) angenommen, da eine Fehlfunktion der beteiligten Komponenten (Zugspitzengerät, Kupplungssensoren, Datenübertragung) innerhalb des täglichen Betriebs erkannt werden sollte. In Kombination von Anforderungsrate und Ausfalloffenbarung ergeben sich gemäß Tabelle 7 der Vornorm somit 6 Punkte für diese Barriere. Bei den Fällen b1) bis b3) ergibt sich eine häufig bis dauernde Anforderung, weshalb keine Punkte für eine Risikoreduktion berücksichtigt werden können.

Als weitere Barriere wird für alle vier Fälle die Eintrittswahrscheinlichkeit des Unfallereignisses nach einem Auftreten der Gefährdung berücksichtigt. Ein Punkt bedeutet gemäß Tabelle 9 der Vornorm eine geringe Risikoreduktion, zwei Punkte eine mittlere Risikoreduktion. Die Bewertung in Tabelle 16 wird hierbei wie folgt begründet:

- Fall a): Geringe Risikoreduktion (1 Punkt), weil eine vom Überwachungssystem nicht erkannte Zugtrennung vom Triebfahrzeugführer z. B. durch Feststellen eines plötzlichen Druckabfalls in den Luftleitungen auf 0 bar erkannt werden kann, so dass rechtzeitig Maßnahmen (u. a. Absetzen eines Notrufes bzw. Nothaltauftrages) ergriffen werden können, die den Eintritt des Unfalls bzw. des Schadensausmaßes verhindern. Dabei wird bezüglich der Handlungen des Tf von einem regelbasierten Verhalten gemäß Rasmussen-Modell [Rasmussen1983] unter ungünstigen Arbeitsbedingungen und einem hohen Stressniveau ausgegangen. Bei Berücksichtigung von Tabelle 5 in [DIN VDE V 0831-103] zur Bewertung von menschlichen Handlungen ergäben sich für diesen Fall

2 Punkte. Es wird jedoch nur eine geringe Risikoreduktion von einem Punkt angenommen, da zwar Regeln vorhandenen sind, aber nicht zwangsläufig von einem angemessenen Training sowie der Überwachung selbiger auszugehen ist.

- Fall b1): Mittlere Risikoreduktion (2 Punkte), weil für den Unfalleintritt zeitnah zum Auftreten der Gefährdung und beim Passieren des beweglichen Fahrwegelements dieses für eine andere Fahrt in abweichender Stellung benötigt werden muss. Der Unfalleintritt hängt folglich auch von der Betriebsdichte und der vorhandenen Infrastruktur ab.

- Fall b2): Mittlere Risikoreduktion (2 Punkte), weil für den Eintritt des Unfalls zeitnah zum Auftreten der Gefährdung ein Fahrzeug mit höherer Geschwindigkeit folgen muss, welches zudem den besetzten Fahrweg erkennen und eine Bremsung einleiten könnte.

- Fall b3): Geringe Risikoreduktion (1 Punkt), weil für Eintritt des Unfalls zeitnah zum Auftreten der Gefährdung eine Flankenfahrt existieren muss (Abhängigkeit von Betriebsdichte und Infrastruktur). Da ein Güterzug mit der ausgefallenen Funktion nach Überfahrt des beweglichen Fahrwegelementes jedoch auch in dessen Nähe zum Halt kommen kann, ohne es dabei grenzzeichenfrei zu räumen, wird hier nur eine geringe Risikoreduktion angenommen.

Aus der so vorgenommenen Bewertung ergibt sich die folgende Risc Score Matrix:

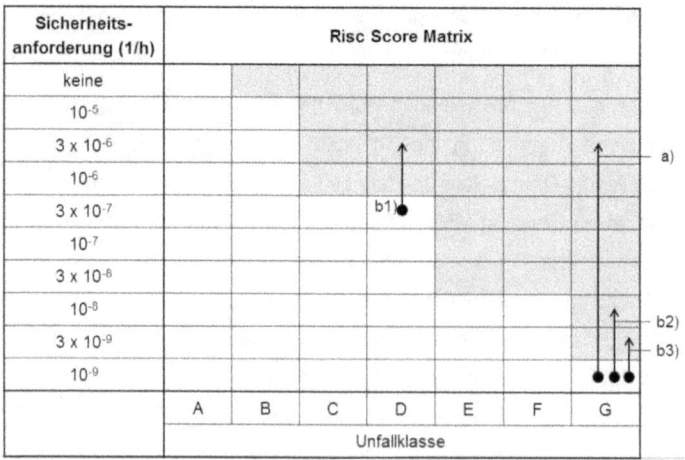

Abbildung 21: Risc Score Matrix zur Funktion Ersetzen der Gleisfreimeldeanlage

Aus der Gefährdung einer nicht erkannten Zugtrennung (Fall a) folgt eine tolerierbare Gefährdungsrate von 3×10^{-6} / h, die gleiche Rate resultiert für den Gefährdungsfall, bei dem die Zuglänge in ETCS geringer als die tatsächliche Zuglänge ist und die Schadenswirkung in der Entgleisung des Güterzuges besteht (Fall b1). Dies entspricht einer Sicherheitsanforderungsstufe 1 bzw. SIL 1. Die Gefährdungsfälle b2) und b3), bei denen die Zuglänge in ETCS geringer als die tatsächliche Zuglänge ist und die Schadenswirkung im Zusammenstoß mit einem anderen Zug (Auffahren oder Flankenfahrt) besteht, erzielen eine tolerierbare Gefährdungsrate von 10^{-8} / h bzw. 3×10^{-9} / h und entsprechen somit einer Sicherheitsanforderungsstufe 3 bzw. 4. Die Funktion Ersetzen der Gleisfreimeldeanlage fällt daher nach [DIN EN 50129] unter das Fail-Safe-Prinzip, d. h. das System, welches die Funktion realisiert, muss bei Eintritt eines jeden anzunehmenden zufälligen Einzelausfalles sicher bleiben.

4.5.4 Explizite Risikoabschätzung gemäß SIRF

Für die beiden zu betrachtenden Fahrzeugfunktionen wurden im Rahmen der Gefährdungseinstufung die Sicherheitsanforderungsstufen 3 bzw. 4 ermittelt. Als primäre Gefährdung nach SIRF, d. h. als die Gefährdung mit der höchsten Sicherheitsanforderung, resultiert beim Automatischen Bereitstellen der Fahrzeuglänge die als einzige identifizierte Gefährdung: Übermittlung einer geringeren als der tatsächlichen Fahrzeuglänge von mindestens einem Fahrzeug im Zugverband. Bei der Zugintegritätsüberwachung erreichen die Gefährdungen Nichterkennung einer Zugtrennung und Nichterkennung einer Beistellung von weiteren Fahrzeugen mit SAS 4 eine höhere Sicherheitsanforderungsstufe als die dritte identifizierte Gefährdung (bei Zugtaufe ermittelte Zuglänge geringer als tatsächliche Zuglänge). Die ersten beiden Gefährdungen werden daher unter der Bezeichnung „Nichterkennung einer Veränderung der Zugzusammensetzung" zu einer primären Gefährdung zusammengefasst.

Um nun in einem weiteren Schritt die Sicherheitsanforderung der einzelnen Systemelemente zu bestimmen, wird ausgehend von der primären Gefährdung die Sicherheitsverantwortung auf die nach der Systemdefinition relevanten Komponenten aufgeteilt (Identifikation der Sicherheitsarchitektur). Dies geschieht mit Hilfe eines Gefährdungsbaumes gemäß [SIRF 400].

4.5.4.1 Automatisches Bereitstellen der Fahrzeuglänge

Für die in der Überschrift genannte Funktion ergibt sich der Gefährdungsbaum wie folgt:

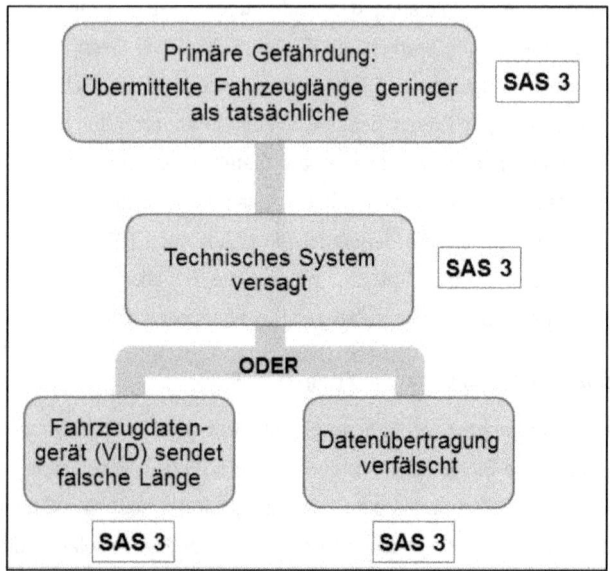

Abbildung 22: Gefährdungsbaum Automatisches Bereitstellen der Fahrzeuglänge

Die Oder-Verknüpfung bedeutet, dass die Architekturelemente die gleiche sicherheitstechnische Einstufung wie die übergeordnete Ebene erhalten und eine Aufteilung der Sicherheitsverantwortung somit nicht möglich ist. Das Fahrzeugdatengerät und die Datenübertragung zum Zugspitzengerät müssen damit die Sicherheitsanforderungsstufe 3 erfüllen und sind folglich nach dem Fail-Safe-Prinzip zu gestalten. Die weiteren Informationen, die nach [SIRF 400] ein Gefährdungsbaum zu enthalten hat, beinhaltet die folgende Tabelle:

TeSiP-Funktion	Automatisches Bereitstellen der Fahrzeuglänge	
	Beschreibung	Verantwortlich
Szenario	Die automatische Zugtaufe wird durchgeführt. Gefährdung gegeben, wenn mindestens von einem Fahrzeug im Zugverband eine geringere als die tatsächliche Fahrzeuglänge an das Zugspitzengerät (HED) übermittelt wird.	
Annahmen	Es wird nur die Übermittlung der Information von den Fahrzeugdatengeräten an das HED betrachtet. Die Verarbeitung der Fahrzeuglängen im HED zur Zuglänge wird hier nicht betrachtet und ist Teil der Fahrzeugfunktion Zugintegritätsüberwachung.	
Randbedingungen	Weicht die vom HED ermittelte Zuglänge von der Soll-Zuglänge ab, wird bei der Zugtaufe eine Fehlermeldung generiert und eine manuelle Fortsetzung ist notwendig. Diese ist nicht Gegenstand dieser Betrachtung. Die Soll-Zuglänge wird durch den Tf in das HED eingegeben (wie bisher) oder optional bei hinreichend verlässlichen elektronischen Soll-Daten dem HED über eine Datenverbindung übermittelt.	Betreiber

Tabelle 16: Tafel zum Gefährdungsbaum Automatisches Bereitstellen der Fahrzeuglänge

4.5.4.2 Zuginterne Zugintegritätsüberwachung

Für die Funktion der Zugintegritätsüberwachung ergibt sich der Gefährdungsbaum wie folgt:

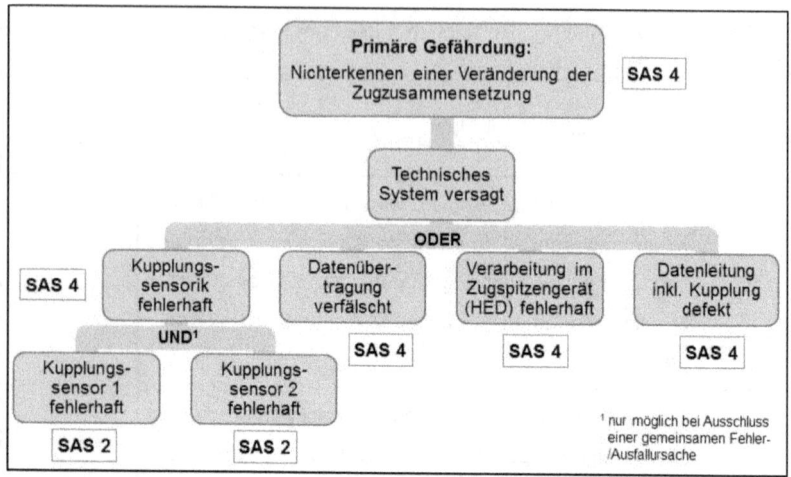

Abbildung 23: Gefährdungsbaum Zuginterne Zugintegritätsüberwachung

Eine Aufteilung der Sicherheitsverantwortung auf die Systemelemente ist abgesehen von den Kupplungssensoren nicht möglich. Bei diesen ist eine gleichmäßige Aufteilung in Betracht zu ziehen, da pro Fahrzeug jeweils zwei Sensoren vorgesehen sind (vgl. Systemdefinition in Abschnitt 4.4.4). Dies ist gemäß [SIRF 400] nur zulässig, wenn mittels einer tiefgreifenden Common-Cause-Analyse der Ausschluss einer gemeinsamen Fehler-/ Ausfallursache nachgewiesen wird. Die tiefergehende Untersuchung ist nicht Bestandteil dieses Projekts. Eine solche Aufteilung vorausgesetzt hat der Kupplungssensor eine Sicherheitsanforderungsstufe 2 zu erbringen, während die anderen Systemkomponenten (Zugspitzengerät, Datenübertragung und Datenleitung inkl. -kupplung) Sicherheitsanforderungsstufe 4 erfüllen müssen und damit nach dem Fail-Safe-Prinzip zu gestalten sind. Ein Ausfallerkennungsmechanismus muss in diesem Fall benannt werden, dies geschieht aber nicht an dieser Stelle der Risikoanalyse, sondern im Rahmen der Ausfallfolgenbetrachtung bzw. dem Ausfallfolgenausschluss. Dabei ist auch ein Mischbetrieb von neuer MPK+ und Schraubenkupplung zu berücksichtigen. Grundlegende Überlegungen dazu befinden sich in Abschnitt 4.6. Die weiteren textlichen Bestandteile des Gefährdungsbaums enthält Tabelle 17:

TeSiP-Funktion	Zuginterne Zugintegritätsüberwachung	
	Beschreibung	Verantwortlich
Szenario	Die automatische Zugtaufe wird durchgeführt und die Zugintegritätsüberwachung damit initialisiert. Gefährdung gegeben, wenn dabei oder danach die Beistellung eines weiteren Fahrzeuges oder Fahrzeuggruppe im Zugverband nicht erkannt wird oder eine Zugtrennung nicht erkannt wird.	
Annahmen	Die Kupplungssensorik besteht aus zwei, an jedem Fahrzeugende in die MPK+ integrierten Kupplungssensoren (CMD). Hierbei ist mit "Sensor" nicht zwingend genau ein Gerät gemeint, sondern in Abgrenzung zu der das komplette Fahrzeug umfassenden "Sensorik" alle für die Erkennung des Kupplungszustandes notwendigen Geräte eines Fahrzeugendes. Wird durch die Zugintegritätsüberwachung eine Veränderung der Zugzusammensetzung festgestellt, erfolgt automatisch eine neue Zugtaufe und damit die Aktualisierung der neuen Zuglänge durch das Zugspitzengerät (HED). Ab dem Erkennen der Veränderung der Zugzusammensetzung bis zum Abschluss der neuerlichen Zugtaufe wird "keine Zugintegrität" gemeldet. Nach der Übertragung der neuen Zuglänge wird die Zugintegrität wieder überwacht. Danach ist es Aufgabe der streckenseitigen Einrichtungen die richtigen Gleisabschnitte als belegt, alle übrigen - bei Vorliegen der Voraussetzungen dafür - als frei festzustellen.	
Randbedingungen	-	Betreiber

Tabelle 17: Tafel zum Gefährdungsbaum Zuginterne Zugintegritätsüberwachung

4.5.5 Vergleich mit Referenzsystem

Für die Funktion Ersetzen der Gleisfreimeldeanlage wird als Risikoakzeptanzkriterium MGS (mindestens gleiche Sicherheit) gewählt, da hier nicht die neuen Fahrzeugfunktionen, sondern das Ersetzen eines bestehenden Systems, welches als Teil der Infrastruktur keine Fahrzeugfunktion darstellt, im Vordergrund steht. Als Referenzsystem dient der Gleisstromkreis als ein anerkanntes und verbreitetes System für eine Gleisfreimeldeanlage. Im Vergleich zu Achszählsystemen wird eine geringere Zuverlässigkeit angenommen, so dass die Wahl dieses Referenzsystems eine Wahl zur sicheren Seite hin ist.

4.5.5.1 Prüfen der Systemfunktionen auf Kompatibilität

Zuerst ist die (übergeordnete) Funktion des neuen Systems auf Kompatibilität mit der Funktion des Referenzsystems zu überprüfen. Die Gleisfreimeldeanlage erfüllt gemäß [DIN VDE V 0831-103] die Schutzfunktion Gleisabschnitt auf Freisein überwachen.

Der Gleisstromkreis realisiert als ein mögliches System für eine Gleisfreimeldeanlage diese Funktion. Beim Ersetzen der Gleisfreimeldeanlage wird die obige Schutzfunktion durch die zuginterne Überwachung der Zugintegrität und die sichere Bereitstellung der tatsächlichen Zuglänge an ETCS erfüllt. Die in diesem Zusammenhang ebenfalls wesentlichen Funktionen Zugortung und Bereitstellung der sicheren Zuglänge, welche durch die ETCS-Fahrzeugeinrichtung realisiert werden, liegen gemäß den Ausführungen in den Abschnitten 4.4.1 und 4.4.5 außerhalb der Systemdefinition und werden deshalb hier nicht betrachtet.

Beim neuen System ergeben sich bei der Erfüllung der oben genannten Schutzfunktion zwar neue Gefährdungen (vgl. Abschnitt 4.5.2), die jedoch in ihrer Folge zu denselben Gefährdungen wie bei einer Gleisfreimeldeanlage führen (vgl. dazu Anhang B.4.1 in [DIN VDE V 0831-103]): Besetzter Gleisabschnitt wird nicht erkannt (entspricht fälschlicher Freimeldung eines Fahrwegabschnittes in Abbildung 20) und Gleisabschnitt wird vorzeitig freigemeldet (entspricht vorzeitiger Freimeldung eines Fahrwegabschnittes in Abbildung 20).

Mit der Überwachung des Fahrweges auf Freisein liegt folglich beiden Systemen dieselbe wesentliche Systemfunktion zugrunde und das Versagen dieser Funktion führt demzufolge auch zu denselben Gefährdungen, die unmittelbar vor dem Eintritt eines Unfallereignisses stehen. Damit ist die grundsätzliche Eignung des Gleisstromkreises als Referenzsystem nachgewiesen. Der weitere Vergleich der beiden Systeme zeigt, inwieweit sich das neue System innerhalb des vom Referenzsystem gesetzten Rahmens bewegt. Werden Bereiche identifiziert, in denen das nicht der Fall ist, müssen für diese vertiefte Untersuchungen erfolgen.

Die bestehenden Sicherheitsanforderungen an den Gleisstromkreis stellen sich nach Anhang B.4 in [DIN VDE V 0831-103] wie folgt dar: Für die Gefährdung Besetzter Gleisabschnitt wird nicht erkannt ergibt sich eine tolerierbare Gefährdungsrate von 10^{-8} / h und damit die Sicherheitsanforderungsstufe 3. Für die Gefährdung Gleisabschnitt wird vorzeitig freigemeldet resultiert eine tolerierbare Gefährdungsrate von 3 x 10^{-8} / h und somit ebenfalls Sicherheitsanforderungsstufe 3. Das System ist demzufolge gemäß [DIN EN 50129] nach dem Fail-Safe-Prinzip auszulegen. Dieselbe Sicherheitsanforderung ist auch an das neue System zu stellen.

4.5.5.2 Prüfen der funktionserfüllenden Systembestandteile auf Konformität

Die jeweiligen Systembestandteile und deren Einzelfunktionen werden für beide Systeme in der folgenden Tabelle miteinander verglichen:

Komponente Gleisstromkreis	Funktion	Komponente neues System	Funktion	
Sender	Speisung des Stromkreises	(Spannungsquelle im Tfz)	(Bereitstellung der Stromversorgung zum Betrieb der beteiligten Endgeräte)	
Empfänger	Generierung einer Besetztmeldung aufgrund Deaktivierung (z. B. Relais ist „abgefallen") Generierung einer Freimeldung aufgrund Aktivierung (z. B. Relais ist „angezogen")	Zugspitzengerät (HED)	Durchführung der Zugtaufe mit Ermittlung der Zuglänge und Erkennung des letzten Fahrzeugs Überwachung Zugintegrität mit Statusmeldung an ETCS	Generierung einer Besetztmeldung: sobald Zugspitzenposition innerhalb des betrachteten Fahrwegabschnittes Generierung einer Freimeldung: sicherer Zugschluss außerhalb des betrachteten Fahrwegabschnittes und Zugintegrität gegeben
		Kupplungssensor (CMD)	kontinuierliches Signal zum Zugspitzengerät (nur letztes Fahrzeug) Positionsbestimmung im Zug	
		ETCS-Fahrzeugeinrichtung	Zugortung (Ermittlung von Zugspitzenposition und Position sicherer Zugschluss auf Basis der bei der Zugtaufe ermittelten Zuglänge) mit Meldung an das Radio Block Centre (RBC)	
Schiene	elektrischer Leiter	Zughauptleitung	elektrische Datenübertragung und Stromversorgung der Endgeräte	
Übriger Oberbau	ausreichende Isolierung	-	-	

Tabelle 18: Vergleich der Systembestandteile neues System – Referenzsystem

Die Tabelle zeigt, dass die Komponenten des neuen Systems mit ihren Einzelfunktionen den Komponenten des Gleisstromkreises zugeordnet werden können. Die Generierung von Frei- und Besetztmeldungen erfolgt neu auf komplexere Art und Weise durch das Zusammenwirken von mehreren fahrzeugseitigen Endgeräten. In der Tabelle sind die dafür von der ETCS-Fahrzeugeinrichtung zu erbringenden Funktionen – abweichend von der Systemdefinition – zum besseren Verständnis mit dargestellt. Den Komponenten des Gleisstromkreises Sender und übriger Oberbau (z. B. Schwellen und Schotter) können im neuen System keine Komponenten mit entsprechenden Einzelfunktionen zugewiesen werden. Die Stromversorgung erfolgt im neuen System über eine Schnittstelle zum Zugspitzengerät im Triebfahrzeug, die Spannungsquelle selbst ist nicht Bestandteil der Systemdefinition (vgl. Abschnitt 4.4.2) und deshalb in Tabelle 18 nur in Klammern aufgeführt. Die Zughauptleitung zur Datenübertragung innerhalb dieses Netzwerkes sowie zur Stromversorgung der Endgeräte im Zugverband umfasst ebenfalls die Leitungskupplungen, welche hierbei die Schnittstellen zwischen den einzelnen Fahrzeugen im Zugverband bilden. Die Fahrzeugdatengeräte (VID) sind in der Tabelle – obwohl zum neuen System gehörend – nicht abgebildet, da die Übermittlung der Fahrzeuglängen an das Zugspitzengerät prinzipiell auch anders erfolgen könnte und die Funktionalität hier nicht im Vordergrund steht.

4.5.5.3 Prüfen der Systemschnittstellen auf Kompatibilität

Beim Gleisstromkreis bestehen Systemschnittstellen zum Stellwerk und dort zum Fahrdienstleiter bzw. im Fall des selbsttätigen Streckenblocks auch zu einer dezentralen Anlage. Die Schnittstellen beim neuen System ergeben sich gemäß Systemdefinition vom Zugspitzengerät aus zur Stromversorgung, zu ETCS und zum Triebfahrzeugführer. Dieser löst mit dem Umlegen des Fahrtrichtungshebels eine automatische Zugtaufe aus und quittiert deren Ergebnis.

Die Verbindung zum Stellwerk erfolgt im neuen System über einen neuen Zwischenschritt, indem die ETCS-Komponenten Fahrzeugeinrichtung und Radio Block Centre (RBC) zwischengeschaltet sind. Beide Elemente befinden sich außerhalb der Systemdefinition, für die Übermittlung der Informationen zwischen ETCS-Fahrzeugeinrichtung und RBC sowie RBC und Stellwerk ist – auch aufgrund weiterer hier nicht behandelter Funktionalitäten - eine signaltechnisch sichere Übertragung erforderlich (Fail-safe-Prinzip).

Eine bisher nicht vorhandene Schnittstelle entsteht zwischen Zugintegritätsüberwachung und ETCS, auf Komponentenebene zwischen Zugspitzengerät und ETCS-Fahrzeugeinrichtung. Deren Spezifizierung muss im Rahmen der zukünftigen ETCS-Spezifikation für Level-3 berücksichtigt werden.

Die Schnittstelle vom Zugspitzengerät zur Stromversorgung im neuen System entspricht der Funktion des Senders beim Referenzsystem (siehe Tabelle 18).

4.5.5.4 Prüfen der zugrundeliegenden Betriebsbedingungen und Umgebungseinflüsse auf Konformität

Einen weiteren Bestandteil des Vergleichs mit dem Referenzsystem stellen die jeweiligen zugrundeliegenden Betriebsbedingungen einschließlich der Umgebungseinflüsse dar. Hierzu wurden die in Anhang B.4 der [DIN EN 50129] für den Betrieb mit externen Einflüssen beschriebenen Kategorien herangezogen. Ein System muss korrekt und sicher funktionieren, wenn es den spezifizierten externen Einflüssen ausgesetzt ist (vgl. ebd.). Eine grundlegende Änderung der Betriebsbedingungen stellt der Wechsel von der ortsfesten Einrichtung als Teil der Infrastruktur (Referenzsystem) zur fahrzeugseitigen Realisierung (neues System) dar. Dies hat Auswirkungen auf einen Teil der Umgebungsbedingungen, wie im Folgenden näher erläutert wird.

Die klimatischen Bedingungen und die Höhenlage werden für beide Systeme als annähernd gleich eingeschätzt, Auswirkungen werden hier aufgrund der Änderung nicht erwartet. Bei den mechanischen Bedingungen hingegen können sich Effekte ergeben, z. B. können auf die fahrzeugseitigen Systemkomponenten während der Zugfahrt andere Kräfte wirken als im Fall von ortsfesten Systemelementen.

In Bezug auf die elektrischen Umgebungsbedingungen ergeben sich bereits gemäß [DIN EN 50129] andere Anforderungen, es wird in elektrische Bedingungen auf Fahrzeugen und nicht auf Fahrzeugen unterschieden, in Folge sind dann jeweils andere europäische Normen zu berücksichtigen. Bei beiden Systemen ist der Schutz vor Beeinflussung durch Fremdströme erforderlich. Dieser ist bei Gleisstromkreisen elementar: Fremdströme aus Fahrleitung, Zug oder von benachbarten Gleisstromkreisen können für ein „angezogenes" Relais und damit zu einer fälschlichen Freimeldung führen. Die Sicherheitsanforderungen hierzu an das neue System werden nicht höher als beim Referenzsystem bewertet. Zusätzliche Anforderungen ergeben sich an die Sicherheit der Datenübertragung (Authentizität, Integrität, vgl. hierzu auch

Abschnitt 3.4.2), da komplexere Nachrichten als im Fall des Gleisstromkreises übertragen werden.

Als weitere Kategorie ist der Schutz vor unberechtigtem Zutritt zu berücksichtigen. Hierzu gehören Schutzmaßnahmen sowohl gegen versehentlichen Zutritt durch autorisiertes Personal als auch beabsichtigten Zutritt durch nicht autorisiertes Personal. Die Sicherheitsanforderungen an das neue System werden diesbezüglich nicht höher als beim Referenzsystem eingeschätzt, zudem kann bei fahrzeugseitigen Einrichtungen aufgrund der stattfindenden Ortsveränderungen von geringeren Expositionszeiten als bei fest liegenden Infrastrukturelementen ausgegangen werden.

Als letzter Aspekt werden mögliche erschwerte Bedingungen betrachtet, darunter fallen z. B. verstärkte Luftverschmutzung – z. b. aufgrund von Staub, Rauch, Dampf – oder Kondensation aufgrund schneller Änderung der Umgebungstemperatur einer Einrichtung. Auch hier werden die Sicherheitsanforderungen an das neue System nicht höher als im Fall des Referenzsystems bewertet.

4.5.5.5 Ergebnis des Vergleichs

Die Systemfunktion und die resultierenden finalen (d. h. unmittelbar vor dem Unfallereignis stehenden) Gefährdungen sind bei beiden Systemen identisch. Demzufolge konnte eine grundsätzlich Eignung des Gleisstromkreises als Referenzsystem nachgewiesen werden, da er zudem ein anerkanntes und verbreitetes System einer Gleisfreimeldeanlage darstellt.

Der Vergleich der Systemkomponenten und ihrer Einzelfunktionen zeigt, dass alle Komponenten des neuen Systems einer Komponente des Gleisstromkreises zugewiesen werden können und damit innerhalb des Rahmens bleiben, der durch das Referenzsystem vorgegeben ist. Daraus folgt, dass die folgenden Systembestandteile nach dem Fail-Safe-Prinzip zu gestalten sind: Kupplungssensorik, Zugspitzengerät, Datenübertragung zwischen Kupplungssensoren und Zugspitzengerät, Datenübertragung zwischen Zugspitzengerät und ETCS-Fahrzeugeinrichtung. Die hierbei neu entstehende Schnittstelle zwischen Zugintegritätsüberwachung und ETCS, auf Komponentenebene zwischen Zugspitzengerät und ETCS-Fahrzeugeinrichtung, ist noch näher zu spezifizieren und bei der Spezifikation von ETCS-Level-3 zu berücksichtigen.

Weiterhin müssen die Zugortung und Bereitstellung der sicheren Zuglänge durch die ETCS-Fahrzeugeinrichtung und die Datenübertragung zwischen ETCS-Fahrzeugeinrichtung und RBC sowie zwischen RBC und Stellwerk signaltechnisch sicher sein. Diese Funktionen befinden sich aber außerhalb der Systemdefinition (vgl. Abschnitte 4.4).

Die Konformitätsprüfung der jeweils zugrundeliegenden Betriebsbedingungen und Umgebungseinflüsse ergibt, dass sich das neue System in folgenden Bereichen außerhalb des Referenzsystems bewegt:

- mechanische Bedingungen (Wirken anderer Kräfte aufgrund Änderung von ortsfester zur fahrzeugseitiger Einrichtung)
- elektrische Bedingungen (unterschiedliche Normengrundlage, zusätzliche Anforderungen an die Datenübertragungssicherheit des neuen Systems)

Hier werden vertiefte Untersuchungen erforderlich, die aber nicht im Rahmen dieses Projektes erfolgen.

4.6 Berücksichtigung von Mischbetrieb

Das Erkennen des letzten Fahrzeugs bildet eine wesentliche Einzelfunktion innerhalb der zuginternen Zugintegritätsüberwachung. Dafür ist – wie aus der vorangegangenen Risikoanalyse hervorgeht – eine signaltechnisch sichere Datenverbindung zwischen dem letzten Fahrzeug im Zugverband und dem führenden Fahrzeug erforderlich. Für den Fall eines Mischbetriebes von neuer MPK+ und Schraubenkupplung ist sicherzustellen, dass das letzte Fahrzeug mit MPK+ den Kuppelzustand der Schraubenkupplung korrekt erkennt. Bspw. darf in einem Zugverband, der sowohl aus Fahrzeugen mit MPK+ als auch aus Fahrzeugen mit Schraubenkupplung zusammengesetzt ist, an der ersten Schnittstelle zwischen diesen Kupplungstypen das letzte mit MPK+ ausgestattete Fahrzeug nicht als das letzte Fahrzeug des Zuges identifiziert und an das führende Fahrzeug gemeldet werden (gilt für den Fall, das zumindest ein oder mehrere Fahrzeuge hinter dem führenden Fahrzeug mit MPK+ ausgestattet sind).

Grundsätzlich gelten zu dieser Thematik folgende Überlegungen, unabhängig von der zum Einsatz kommenden Datenübertragung im neuen System mit MPK+:

- Eine grundlegende Änderung des Gesamtsystems in diesem Bereich ist in absehbarer Zeit nicht zu erwarten.
- Zumindest in einer zeitlich noch nicht festgelegten Übergangsphase ist auch von einem Mischbetrieb von neuer MPK+ und Schraubenkupplung auszugehen.
- Das letzte Fahrzeug eines Zuges (dies kann auch ein Triebfahrzeug sein, z. B. bei nachgeschobenen Zügen) ist – sofern es sich dabei nicht gleichzeitig um das erste Fahrzeug des Zuges handelt – stets dadurch gekennzeichnet, dass eine Seite nicht gekuppelt ist. Infolge dessen muss zusätzlich zur Zugspitze genau ein weiteres Fahrzeug im Zug identifiziert werden, dass nicht beidseitig gekuppelt ist. Dies kann auf unterschiedliche Art realisiert werden, wie z. B. eine in die MPK+ integrierte technische Einrichtung, die vorzugsweise nach dem Prinzip des Ausfallausschlusses auszulegen ist, oder eine Bedieneinrichtung an jedem Wagen mit MPK+, die vom Zugfertigsteller im Verlauf der Zugbildung einmalig betätigt wird und somit den Schluss des Zuges kennzeichnet. Bei Integration der Funktionalität in die MPK+ wäre insbesondere zu beachten, dass der Kuppelzustand auch im Zusammenspiel mit einer Schraubenkupplung zweifelsfrei erkannt wird. In diesem Fall wird die Zugtaufe abgebrochen und die Festlegung des Zugschlusses erfolgt auf konventionelle Weise wie bisher.
- Ein Verzicht auf Gleisfreimeldeanlagen ist bei Mischbetrieb nicht möglich.

4.7 Zwischenfazit Grundlagen für Sicherheitsnachweis

Die Mindestspezifikation zur Einführung der MPK+ umfasst vier sicherheitsrelevante Funktionen, von denen drei eine signifikante Änderung gemäß CSM-RA darstellen:

(1) Automatisches Bereitstellen der Fahrzeuglänge
(2) Zuginterne Zugintegritätsüberwachung
(3) (teilweises) Ersetzen der Gleisfreimeldeanlage

Für diese drei Funktionen wurde eine Systemdefinition entworfen, welche die Grundlage für eine vereinfachte Risikoanalyse bildete. Deren Ergebnis besteht in der Definition von Sicherheitsanforderungen für die funktionserfüllenden Systemelemente der einzelnen Funktionen auf Basis der im Vorfeld ermittelten Gefährdungen.

Für die beiden Fahrzeugfunktionen (1) und (2) wurde die Gefährdungsidentifikation und -einstufung gemäß Sicherheitsrichtlinie Fahrzeug (SIRF) vorgenommen sowie eine explizite Risikoabschätzung mit Hilfe eines Gefährdungsbaumes nach SIRF durchgeführt. Die primäre Gefährdung bei Funktion (1) besteht in der Übermittlung einer geringeren als der tatsächlichen Fahrzeuglänge an das Zugspitzengerät von mindestens einem Fahrzeug im Zugverband. Die Gefährdungseinstufung ergab die Sicherheitsanforderungsstufe 3. Eine Aufteilung der Sicherheitsverantwortung auf die beteiligten Systemelemente ist nicht möglich, so dass dem Fahrzeugdatengerät und der Datenübertragung zum Zugspitzengerät ebenfalls Stufe 3 zugewiesen wurde.

Die primäre Gefährdung bei Funktion (2) besteht in der Nichterkennung einer Veränderung der Zugzusammensetzung. Die Gefährdungseinstufung ergab die Sicherheitsanforderungsstufe 4. Eine Aufteilung der Sicherheitsverantwortung auf die beteiligten Systemelemente ist nur im Fall der Kupplungssensoren möglich, da zwei Sensoren pro Fahrzeug vorgesehen sind. Diese Aufteilung ist noch mit einer tiefgreifenden Common-Cause-Analyse zu bestätigen. Der Kupplungssensor würde dann die Sicherheitsanforderungsstufe 2 erreichen, während Zugspitzengerät, Datenübertragung und Datenleitung inkl. -kupplung mit SAS 4 die höchste Sicherheitsanforderungsstufe aufweisen.

Für die Funktion (3) wurde zur Gefährdungseinstufung die semi-quantitative Methode der Risc Score Matrix nach DIN VDE V 0831-103 angewendet. Für die betrachteten Gefährdungen mit ihren potentiellen unterschiedlichen Schadenswirkungen ergeben sich Sicherheitsanforderungsstufen zwischen 1 und 4. Anschließend wurde für diese Funktion das Risikoakzeptanzkriterium MGS (mindestens gleiche Sicherheit) gewählt und ein Vergleich mit dem Referenzsystem Gleisstromkreis durchgeführt. Hierbei konnte gezeigt werden, dass sich die neue Funktion zum Ersetzen der Gleisfreimeldeanlage vorwiegend innerhalb des Referenzsystems bewegt und damit dessen Sicherheitsanforderungen übertragen werden können. Nur punktuell – wie für den Bereich der mechanischen und elektrischen Umgebungsbedingungen – ist die Definition von zusätzlichen Sicherheitsanforderungen nötig, wofür tiefergehende Untersuchungen außerhalb dieses Projektes erforderlich werden.

Abschließend werden die in diesem Kapitel durchlaufenen Schritte des Risikobewertungsverfahrens nach CSM-RA gezeigt:

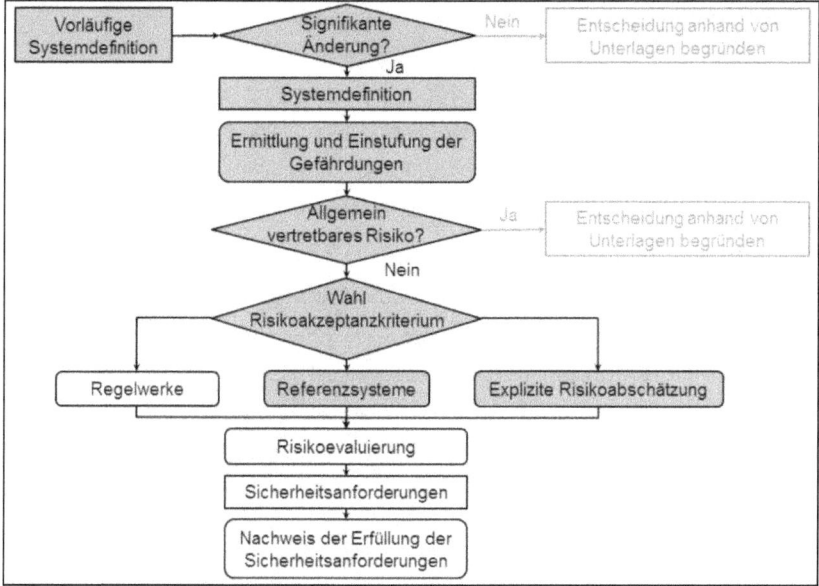

Abbildung 24: Risikobewertungsverfahren nach CSM-RA, vereinfacht

Die hierbei entstandenen Resultate dienen als Grundlage für einen späteren Sicherheitsnachweis, z. B. nach SIRF oder DIN EN 50129. Für diesbezügliche Folgeprojekte sind zum einen die angesprochenen notwendigen tiefergehenden Untersuchungen zu berücksichtigen. Zum anderen ist eine mögliche Erweiterung der Mindestspezifikation mit weiteren sicherheitsrelevanten Funktionen, wie z. B. das Automatische Bereitstellen des Bremsgewichts, im Blick zu behalten.

5 Nutzwertanalyse

5.1 Nutzwerte der MPK+

Außer den klassischen Nutzwerten einer Mittelpufferkupplung wie z. B. den höheren Anhängelasten, schnelleren Kuppel-und Entkuppelvorgängen werden weitere Nutzwerte sowohl für EIU als auch EVU durch die elektrische Datenverbindung der MPK+ geschaffen.

In den folgenden Unterkapiteln wird eine Nutzwertanalyse durchgeführt, die einen ersten Überblick über mögliche Nutzwerte der MPK+ im Vergleich mit der Schraubenkupplung, der C-AKv und einer Scharfenbergkupplung ermöglicht. Ziel der Nutzwertanalyse ist es, Nutzwerte zu identifizieren und nach EIU und EVU gegliedert darzustellen. Abschließend soll das Ergebnis der Nutzwertanalyse zeigen, ob die zusätzlich möglichen Funktionen der MPK+ einen größeren Nutzwert ermöglichen als die anderen Kupplungssysteme.

5.2 Nutzwertanalyse

5.2.1 Einordnung der Nutzwertanalyse in die Methodenlandschaft

Bewertungsverfahren verfolgen den Zweck, den oder die Entscheidungsträger bei der Wahl der besten Alternative zu unterstützen und werden in ein- und mehrdimensionale Verfahren unterschieden. In eindimensionalen Verfahren werden die relevanten Ziele von einem einzigen Kriterium (z. B. dem Kapitalwert) vollständig beschrieben. Da in der Realität Entscheidungsprozesse häufig mit mehreren unterschiedlichen Zielvorstellungen verknüpft werden, sind diese mit der Zielfunktion oft nicht kongruent. In der Mehrheit der Bewertungsverfahren wird eine mehrdimensionale Methode verwendet, die eine Vielzahl von Bewertungsalternativen und Kriterien in die Bewertung miteinbeziehen kann. Können qualitative Größen in quantitative umgerechnet werden, so spricht man von semi-quantitativen Größen. Bei der Nutzwertanalyse handelt es sich daher wie bei der Kosten-Nutzen-Analyse um ein mehrdimensionales, semi-quantitatives Verfahren [Klaus2003].

Die folgende Abbildung [Klaus2003] zeigt einen Überblick über Bewertungsverfahren und zeigt, an welcher Stelle die Nutzwertanalyse eingeordnet werden kann.

Nutzwertanalyse

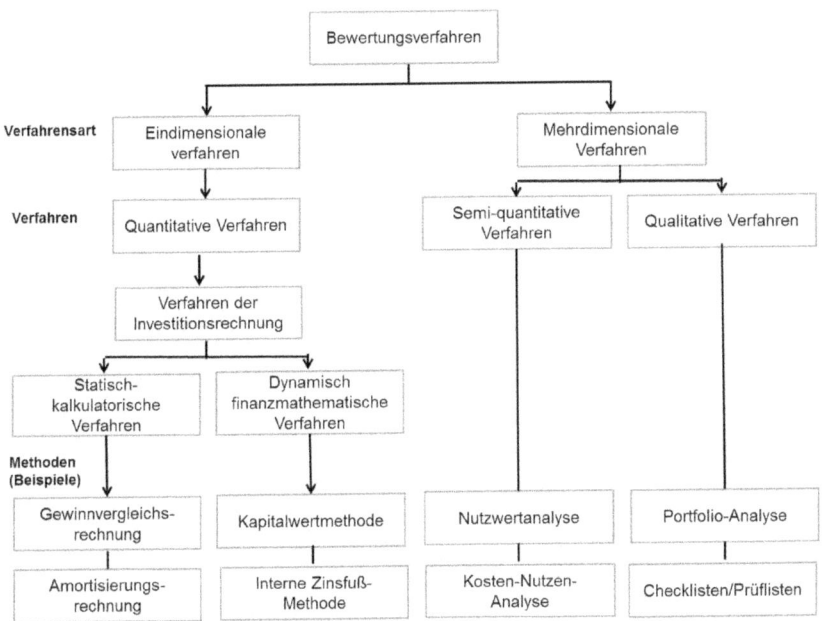

Abbildung 25: Klassifikation von Bewertungsverfahren

Als „Planungsmethodik zur systematischen Entscheidungsvorbereitung bei der Auswahl komplexer Projektalternativen" beschreibt Dr.-Ing. Zangemeister diese quantitative nicht-monetäre Analysemethode in seinem bekannten Werk „Nutzwertanalyse in der Systemtechnik" [Zangemeister1976]. Die Nutzwertanalyse verzichtet auf eine Monetarisierung nicht-monetärer Bewertungsgrößen und umgeht somit dieses Problem der Kosten-Nutzen-Analyse. Darüber hinaus werden nur die Nutzwerte betrachtet. Eine Analyse der Kosten ist nicht Teil der Nutzwertanalyse, jedoch wird die Annahme getroffen, dass die Kosten den Entscheidungsträgern bekannt sind und in die Nutzwerte eingeflossen sind.

Während bei einer Kosten-Nutzen-Analyse angestrebt wird, die verschiedenen Kosten- und Nutzenkomponenten monetär auszudrücken, zielt die Nutzwertanalyse darauf, die für die Entscheidung relevanten Maßnahmen und Wirkungen in Punkten zu bewerten und diese im Anschluss gemäß ihrer relativen Bedeutung zum Nutzwert zu verdichten [Zwehl1981]. Bei diesem Nutzwert handelt es sich um eine dimensionslose Punktezahl, mit deren Hilfe sich eine Reihenfolge der betrachteten Handlungsalternativen bilden lässt [Zwehl1981].

5.2.2 Aufbau der Nutzwertanalyse

Eine Nutzwertanalyse ist meist nach folgendem Schema aufgebaut:

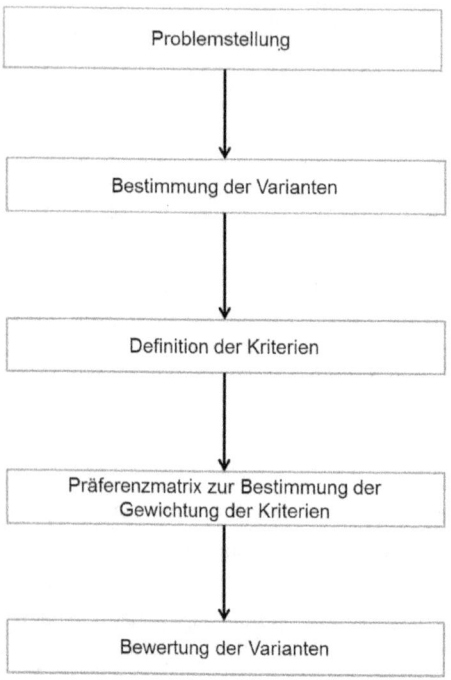

Abbildung 26: Ablaufschema der Nutzwertanalyse

Ausgehend von der Formulierung der Problemstellung innerhalb eines Entscheidungsprozesses werden verschiedene Lösungsvarianten, z. B. verschieden Kupplungstypen, bestimmt.

Für diese Varianten werden im folgenden Schritt Kriterien abgeleitet, an Hand derer die Lösungserfüllung der Varianten in Punkten bestimmt werden kann. Die Punkte ergeben sich aus einer festgelegten Bewertungsskala, die für jede Nutzwertanalyse festgelegt wird. Eine solche Skala umfasst eine ungleiche Anzahl von Bewertungsstufen, die mindestens von der Bewertungsstufe „Ziel wird nicht erreicht" über eine mittlere Stufe bis zur Stufe „Ziel wird vollständig erfüllt" reicht.

Der Ablauf einer Nutzwertanalyse orientiert sich am Grundmodell der rationalen Entscheidungsfindung. Das heißt, es existiert ein Zielsystem, aufgrund dessen die Alternativen mit bestimmten Bewertungskriterien beschrieben werden. Diese Kriterien können gegeneinander gewichtet werden. Anschließend wird für jedes Kriterium der Zielerreichungsgrad geprüft und gemessen. Um die Ergebnisse in Nutzwerten ausdrücken zu können, müssen diese in eine einheitliche Dimension gebracht werden, indem jedem Zielertrag ein Zielerfüllungsgrad zugeordnet wird.

5.2.3 Betrachtete Varianten in der Nutzwertanalyse

Dem gestellten Problem, der Verbesserung des Schienenverkehrs in Deutschland und Europa durch Einführung einer modernen Mittelpufferkupplung mit elektrischer Datenverbindung, folgt die Bestimmung der als „Varianten" bezeichneten Handlungsalternativen bezeichnet, gegenüber.

Außer der MPK+, die über eine elektrische und eine Datenverbindung verfügt und damit alle gestellten Anforderungen hinsichtlich Zugintegritätsüberwachung, höheren Anhängelasten und möglicher Datenübertragung für zusätzlichen Servicefunktionen in den Wagen erfüllt, wird der Status-quo, die Standard-Schraubenkupplung betrachtet. Den beiden gegenüber stehen zwei weitere Varianten: Die seit einigen Jahren im schweren Erzverkehr bei der Deutschen Bahn eingesetzte C-AKv Kupplung, die über einige der Eigenschaften der MPK+ verfügt sowie die Scharfenbergkupplung in der Ausführung für den Güterverkehr mit hoher Anhängelast. Nachfolgende Tabelle zeigt die Varianten im Überblick.

Variante	Kupplungstyp
Variante 1	MPK+
Variante 2	Schraubenkupplung
Variante 3	C-AKv
Variante 4	Scharfenbergkupplung Güterverkehr

Tabelle 19: Variantenübersicht

Im nächsten Schritt werden Kriterien definiert, die angeben, welche Eigenschaften und Wirkungen der Maßnahmenträger als entscheidungsrelevant erachtet. Sie müssen so formuliert werden, dass eine Überprüfung der jeweiligen Zielerreichung möglich ist.

5.3 Nutzwerte aus verschiedenen Perspektiven

5.3.1 Kriterien aus Perspektive der EIU

In der folgenden Tabelle sind verschiedene Kriterien, die Nutzwerte für EIU schaffen können, aufgelistet. Die Listung ist alphabetisch und stellt keine Priorisierung dar. In den folgenden Unterkapiteln werden diese Kriterien beschrieben.

Bereich	Kriterium	Beschreibung
EIU	Entgleisungsdetektion	Sensoren prüfen, ob der jeweilige Achssatz auf dem Gleis läuft und lösen bei Entgleisung eine Notbremsung aus
	Höhere Zug- und Druckkräfte	Schwerere und/oder längere Züge
	Intelligente Fahrwerksüberwachung	Heißläufer- und Festbremsortung durch Sensoren in den Wagen
	Ladungsüberwachung	Überwachung der Ladung hinsichtlich Gewicht, Verschieben während der Fahrt
	Zugintegritätsüberwachung	Überwachung der Zugvollständigkeit nach Anforderung ETCS-Level 3

Tabelle 20: Kriterienübersicht EIU

5.3.1.1 Entgleisungsdetektion

Für ein EIU bedeutet ein entgleister Zug ein hohes Gefahrenpotential, da entgleiste Wagen massive Schäden am Oberbau verursachen können. Kommt es z. B. zu einer Entgleisung am Zugende eines langen Güterzuges von 740 m Länge, so kann es sein, dass ohne Trennung der Bremsleitungen die Entgleisung vom Triebfahrzeugführer erst nach einigen Kilometern bemerkt wird. Betonschwellen werden durch entgleiste Achsen irreparabel beschädigt und müssen ausgetauscht werden. Im Schlimmsten Fall kommt es durch den oder die entgleisten Wagen zu Kollisionen mit

Infrastruktureinrichtungen wie Signalen, Oberleitungsmasten, Brückenpfeilern oder gar einem entgegenkommenden Zug kommen.

Dr.-Ing. Thomas Rieckenberg ermittelte in seiner in seiner Dissertation zum Thema „Telematik im Schienengüterverkehr" [Rieckenberg2004], dass bei ca. 8 % der Entgleisungen im Schienengüterverkehr Infrastrukturschäden auf der Länge von vier bis sechs Kilometern verursacht werden, deren Reparaturkosten durchschnittlich eine Mio. Euro pro beschädigten Kilometer Gleis beträgt[8].

Das Ziel der Entgleisungsdetektoren ist das potentielle Schadensmaß so gering wie möglich zu halten. Für die Funktionsweise gibt es zwei Ansätze: Entweder wird nach der Detektion einer Entgleisung automatisch eine Notbremsung durch Eingriff in die Hauptluftleitung ausgelöst oder die Entgleisung dem Triebfahrzeugführer durch ein Warnsignal signalisiert [BMVI2015].

Im Jahr 2012 kam es in Deutschland zu 11 signifikanten Unfällen im Schienenverkehr mit Toten und Schwerverletzten bei einer Gesamtzahl von 239 gemeldeten Unfällen, die auf Entgleisungen zurückgeführt wurden. Das Schweizer Bundesamt für Verkehr (BAV) ermittelte in einer Untersuchung, dass rund 40 % der Entgleisungen von Kesselwagen zwischen 1976 und 1996 durch Entgleisungsdetektoren hätten vermieden werden können [BMVI2015].

5.3.1.2 Höhere Zug- und Druckkräfte

Schon seit langer Zeit zeigen sich die Grenzen der Belastbarkeit der Schraubenkupplung im Betrieb. Schwere Erzzüge von den Nordseehäfen zu den Hochöfen im Ruhgebiet mit 4.000 bis 6.000 t Anhängelast überschreiten die maximal zulässige Zugkraft der Schraubenkupplung, daher sind diese Wagen mit Mittelpufferkupplungen vom Typ Ak69 bzw. C-AKv ausgerüstet. Weitere Einschränkungen der Schraubenkupplung zeigen sich seit langem auf Steigungsstrecken mit Steigungen über den für Flachbahnen typischen Wert von 12,5 ‰, z. B. der Geislinger Steige zwischen Stuttgart und Ulm mit einer Steigung von 22,5 ‰ oder den großen Alpentransversalen. Auf der Gotthardbahn sind beispielsweise aktuell Anhängelasten von maximal 1.400 t bei einer Steigung von 27 ‰ zulässig. Höhere Anhängelasten lassen sich nur durch

---

[8] Preisstand 2004.

betrieblich aufwändige Maßnahmen wie Schubbetrieb (bis 1.700 t) oder Zwischenlokomotiven realisieren. Für das EIU bedeutet dies, dass die betroffenen Strecken von EVU gemieden werden, da diese sich die Kosten für die Miete oder Vorhaltung zusätzlicher Triebfahrzeuge sparen möchten. Zudem gehen Trassen verloren durch die Rückführung der Schublokomotiven.

Für das EIU bedeuten schwerer Züge üblicherweise höhere Trasseneinnahmen, z. B: ist in den Trassenpreisen der DB Netz AG eine vom Bruttogewicht des Wagenzuges abhängige Lastkomponente enthalten, die zum Stand 2015 für Zuggewichte über 3.000 t einen additiven Zuschlag von 0,98 Euro/Trkm vorsieht [DB Netz AG 2014a].

Durch schwerere Züge lassen sich Fahrten und damit Trassen einsparen, damit steigt die Betriebsqualität, allerdings können die Erlöse der EIU bei gleichbleibender Transportmenge fallen.

Höhere Zug- und Druckkräfte werden umso wichtiger, je stärker die Länge der Züge ansteigt. Die maximale Zuglänge ist in Deutschland auf 740 m begrenzt, Ausnahme hiervon sind Züge mit 835 m Länge zwischen Padborg und den Rangierbahnhof Maschen. Im Verbundprojekt GZ 1000 [Deutsche Bahn AG2010] wurde von DB Schenker Rail, DB Netz AG und der DB Systemtechnik das Fahren von 1.000 m Zügen untersucht. In dieser Untersuchung wird festgestellt, dass 1500 m lange Züge auf dem Nord-Süd-Korridor eine Reduktion der Zugzahlen um rund 50 % bedeuten, 1150 m lange Züge nur eine Reduktion von 18 %.

1500 m langen Züge werden zur Zeit in einer weiteren Studie (GZ 1500) untersucht.

5.3.1.3 Intelligente Fahrwerksüberwachung

Nicht nur Entgleisungen stellen ein hohes Gefahrenpotential für die Schieneninfrastruktur dar, sondern auch Heißläufer und feste Bremsen. Im Deutschen Schienennetz sind an neuralgischen Stellen ortsfeste Heißläufer- und Festbremsortungsanlagen (HOA / FBOA) installiert, die der Erkennung unzulässig hoher Temperaturen an Radsatzlagern und Bremseinrichtungen dienen. Heißläufer- und Festbremsortungsanlagen bilden eine wichtige Komponente im Sicherheitssystem eines Eisenbahnbetriebes, da eine frühzeitige Erkennung eine rechtzeitige Intervention ermöglicht und damit eine Reduktion von Schäden und Gefährdungen durch Entgleisungen und Brände für das EIU reduziert. Da diese Anlagen aber aus Kostengründen nur an neuralgischen Punkten eingebaut sind, lassen sich manchen Schäden und Folgekosten für das EIU nicht vermeiden. Mit der MPK+ steht eine elektrische Stromversorgung zur Verfügung, die den von den Sensoren in Wagen benötigten Strom zur Verfügung stellen kann[9] und so die Investitionen in teure ortsfeste Anlagen überflüssig macht.

5.3.1.4 Ladungsüberwachung

Nicht nur im Projekt Intelligenter Güterwagen [Railion Deutschland AG2008] wurde festgestellt, dass durch die Kombination von Informationstechnologie und Telekommunikation, verschiedene Aufgabenstellungen und Ziele erreicht werden können. Für EIU von besonderem Interesse ist hierbei die Überwachung des Ladegutes, z. B. bei Gefahrguttransporten, um Füllstand, Druck, Temperatur, Gewicht und andere Parameter überwachen zu können. Einen Nutzwert verspricht auch die Möglichkeit Ladungsverschiebungen zu detektieren, was nicht nur bei Transporten mit Lademaßüberschreitung Folgeschäden an der Infrastruktur verhindern kann.

5.3.1.5 Zugintegritätsüberwachung

Bisher erfolgt die Überwachung der Zugintegrität durch Gleisfreimeldeanlagen. Diese ortsfesten Anlagen, Gleisstromkreise bzw. Achszähler, finden sich sowohl im Bahnhofsbereich als auch auf freier Strecke in großer Zahl[10].

Im Hinblick auf eine zukünftige Ausrüstung deutscher und europäischer Eisenbahnstrecken mit dem Zugbeeinflussungssystem ETCS-Level 3, ist jedoch eine fahrzeugseitige Prüfung der Zugintegrität vorzusehen, da. ETCS-Level 3 im Gegensatz zu ETCS-Level 2 auf die streckenseitige Gleisfreimeldung verzichtet. Ein Radio Block Center (RBC) übernimmt hierbei zusätzlich die Funktion der Gleisfreimeldung. Die Zugvollständigkeit muss durch die ETCS-Fahrzeugeinrichtung überwacht werden. Durch ETCS-Level 3 ist auch ein „Moving Block" möglich, sodass sich in manchen Fällen eine weitere Kapazitätserhöhung erreichen lässt. Die Einteilung der Strecke in feste Blockabstände entfällt [ETCS2014], wie folgende Abbildung zeigt:

---

[9] Hinweis: Die MPK+ soll die meisten dieser Zusatzfunktionen mit Strom versorgen können, ob auf eine gesonderte Pufferung in den Wagen verzichtet werden kann, muss für jede Art von Zusatzgerät bzw. Sensor gesondert untersucht werden.

[10] insgesamt sind rund 250.000 Gleisfreimeldeanlagen im Schienennetz der DB in Deutschland eingebaut.

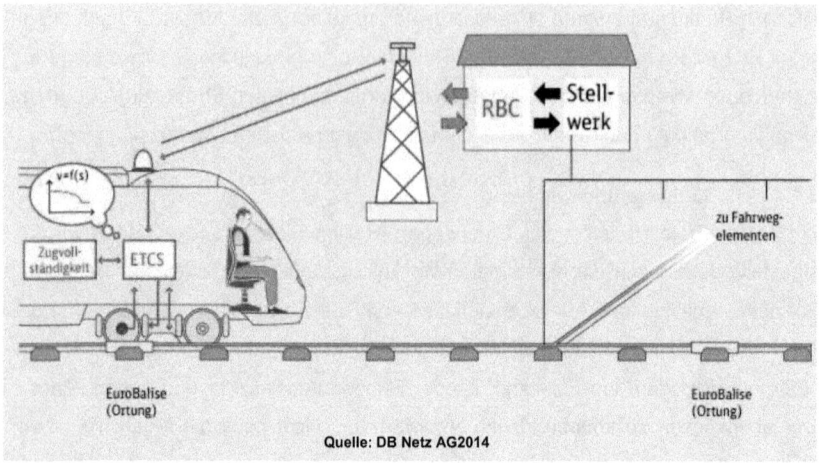

Abbildung 27: Funktionsprinzip von ETCS-Level 3

Für Reisezüge ist eine fahrzeugseitige Zugintegritätsüberwachung mittels der UIC-Leitung lösbar, für Güterzüge existieren jedoch bisher nur unbefriedigenden Lösungsansätze wie z. B. dedizierte Zugschlussgeräte. Als alternative Lösung bietet sich daher eine automatische Mittelpufferkupplung an, in die eine für die Zugintegritätsüberwachung notwendige elektrische Datenleitung integriert ist [ETCS2014].

Für die EIU bringt eine solche fahrzeugseitige Zugintegritätsüberwachung einerseits der Nutzen aus eingesparten Gleisfreimeldeanlagen auf freier Strecke[11], andererseits den durch ETCS-Level 3 möglichen Kapazitätsgewinn durch den Moving Block.

5.3.2 Kriterien aus Perspektive der EVU

In der folgenden Tabelle sind verschiedene Kriterien, die Nutzwerte für EVU schaffen können, aufgelistet. Die Listung ist alphabetisch und stellt keine Priorisierung dar. In den folgenden Unterkapiteln werden diese Kriterien beschrieben.

---

[11] Laut einer Expertenrunde ca. 60.000 Gleisfreimeldeanlagen auf freier Strecke.

Bereich	Kriterium	Beschreibung
EVU	automatisches Kuppeln und (teil-) automatisches Entkuppeln (a)	Beschleunigte Zugzusammenstellung und -Trennung bei geringerem Personaleinsatz
	automatisches Kuppeln und (teil-) automatisches Entkuppeln (b)	Erhöhung der Arbeitssicherheit
	Entgleisungsdetektion	Sensoren prüfen, ob der jeweilige Achssatz auf dem Gleis läuft und lösen bei Entgleisung eine Notbremsung aus
	Höhere Zug- und Druckkräfte	Schwerere und/oder längere Züge
	Intelligente Fahrwerksüberwachung	Heißläufer- und Festbremsortung durch Sensoren im Wagen
	Ladungsüberwachung	Überwachung der Ladung hinsichtlich Gewicht, Verschieben während der Fahrt

Tabelle 21: Kriterienübersicht EVU

5.3.2.1 Automatisches Kuppeln und (teil-) automatisches Entkuppeln

Als in den USA in den 1890er Jahren die Janney-Mittelpufferkupplung eingeführt wurde, war einer der Hauptgründe der, dass Rangierunfälle verhindert werden sollten, indem das Rangierpersonal nicht mehr in den „Berner Raum" zwischen Puffer und Kupplung treten musste, da sich genau in diesem Bereich viele schwere Unfälle mit Personenschaden ereigneten. Durch gut ausgebildetes Personal sind solche Unfälle seltener als früher, dennoch ist ein Gefahrenpotential weiterhin vorhanden, das durch Mittelpufferkupplungen vermieden werden kann.

Darüber hinaus führt eine Mittelpufferkupplung gegenüber der Schraubenkupplung zu einer erhöhten Arbeitsproduktivität, indem automatisch durch langsames Auffahren gekuppelt wird ohne, dass Rangierpersonal eingreifen muss. Das Entkuppeln erfolgt bei einem Teil der am Markt verfügbaren Mittelpufferkupplungssysteme vollautomatisch, z. B. Scharfenbergkupplungen, bei einem anderen Teil betätigt das Rangierpersonal eine Zugstange, z. B. bei der C-AKv.

Nutzwertanalyse

Modellrechnungen zeigen durch die Steigerung der Arbeitsproduktivität eine Verkürzung der Transportzeit und damit ein mögliches Steigerungspotential der Verkehrsleistung um ca. 25 %. Die Berechnungen zeigen Einsparung bei Personalkosten in Höhe von rund 30 Mio. Euro pro Jahr [BMVBW2003].

Für EVU bedeutet dies, dass mit demselben Fahrzeugpark dank Mittelpufferkupplung einen höhere Transortleistung erbringen kann und zudem noch Personal eingespart werden kann.

5.3.2.2 Entgleisungsdetektion

Im Gegensatz zu EIU liegt der Nutzen für EVU hauptsächlich darin, Schäden an Fahrzeugmaterial und deren Ladung zu verhindern. Durch Einsatz von Entgleisungsdetektoren in Fahrzeugen wird eine permanente Überwachung sichergestellt, die durch ortsfeste Anlagen nur punktuell gegeben ist.

5.3.2.3 Höhere Zug- und Druckkräfte

Durch Höhere Zug- und Druckkräfte können einerseits schon bei der vorhandenen, für max. 750 m lange Züge ausgelegte Züge höhere Zuglasten gefahren werden, andererseits sind höhere Zug- und Druckkräfte umso wichtiger, je länger die Züge in Zukunft sein werden. Möchte man mit der bestehenden Schraubenkupplung schwerere und auch längere Züge fahren, so stößt man schnell an Grenzen. Aufgrund der Zughakengrenzlast ist es notwendig, je nach Anhängelast, Strecke und Steigung die Traktionsleistung zu verteilen. Im Verbundprojekt GZ 1000 wurden für den Nord-Südkorridor festgestellt, dass bei 169 von den berechneten 269 1500 m Güterzügen das zweite Tfz am Zugschluss nachschieben muss, bei weiteren 67 Zügen das zweite Tfz als Zwischenlok eingereiht werden muss. Zur Steuerung dieser Schub- und Zwischenlok ist die Entwicklung einer verteilte Traktions- und Bremssteuerung (VTBS) notwendig, für die im Bericht GZ 1000 hinsichtlich der Kommunikation per Funk eine erste Lastentabelle erstellt wurde. Die Entwicklung einer Kommunikationstechnik wird durch die MPK+ obsolet, da die MPK+ einerseits durch die deutlich höhere mögliche Anhängelast die umständliche Einreihung von Tfz in die Zugmitte überflüssig macht, andererseits die Kommunikation mit den im Zug verteilten Tfz übernimmt und dadurch ein Flügelzugkonzept im Güterverkehr ermöglicht.

Für das EVU bedeutet die höher mögliche Anhängelast der MPK+, dass Zugfahrten eingespart werden können und damit an die EIU zu zahlende Trassengebühren. Durch längere Züge wird dieser Effekt noch verstärkt.

5.3.2.4 Ladungsüberwachung

EVU können durch Sensoren in den Fahrzeugen das Ladegut exakt überwachen. Bei Güterwagen kann z. B. der Füllstand von Kesselwagen, deren Druck, Temperatur, das Gewicht und andere Parameter permanent überwacht werden und damit Ladungs- und Beladungsprozesse unterstützt und beschleunigt werden.

Darüber hinaus kann durch eine Sendungsverfolgung die Transparenz der Produktionsabläufe erhöht werden. Kunden des EIU können genau verfolgen, wo sich das Fahrzeug bzw. die Ladung befindet und dadurch Geschäftsprozesse optimieren. Die Bereitstellung dieser zusätzlichen Dienstleistung trägt zudem zur Kundenbindung bei.

Ohne die elektrische Leitungskupplung MPK+ sind diese Funktionen nur durch Ausrüstung aller Fahrzeuge im Zugverband mit einer Stromquelle und einer Sendeeinheit zu realisieren.

5.3.2.5 Intelligente Fahrwerksüberwachung

Unter der intelligenten Fahrwerksüberüberwachung sind Funktionen zusammengefasst, die in Untersuchungen und Projekten zum intelligenten Güterwagen der Zukunft diskutiert wurden, z. B. im Projekt „Intelligenter Güterwagen" der Railion Deutschland AG [Railion Deutschland AG2008], das durch den Übergang zu einer zustandsorientierten Instandhaltung eine Kostenreduktion bei der Wartung sieht. Zu den Funktionen gehört insbesondere eine Überwachung des Zustandes der Bremsen.

Das Flottenmanagement des EIU ist durch die übermittelten Informationen in der Lage, Umläufe so zu optimieren, dass die Fahrzeuge möglichst lange dem Betrieb zur Verfügung stehen und die Laufleistung erhöht werden kann.

5.4 Berechnung und Ergebnis der Nutzwertanalyse

Im nächsten Schritt erfolgt mit Hilfe einer Präferenzmatrix eine standardisierte Gewichtung der Kriterien. Jedes Kriterium wird mit allen anderen Kriterien verglichen. Je häufiger ein Kriterium im direkten Vergleich gewinnt, desto höher ist seine Wichtigkeit (relativ betrachtet) gegenüber den anderen Kriterien.

Präferenzmatrix		(teil-) automatisches Entkuppeln	automatisches Kuppeln	Entgleisungsdetektion	Höhere Zug- und Druckkräfte	Intelligente Fahrwerksüberwachung	Ladungsüberwachung	Zugintegritätsüberwachung		
		1	2	3	4	5	6	7	Anzahl Nennungen	Gewichtung
Kriterium										
(teil-) automatisches Entkuppeln	1		2	1	4	1	1	7	3	14,3
automatisches Kuppeln	2			2	4	2	2	7	4	19,0
Entgleisungsdetektion	3				4	5	3	7	1	4,8
Höhere Zug- und Druckkräfte	4					4	4	7	5	23,8
Intelligente Fahrwerksüberwachung	5						6	7	1	4,8
Ladungsüberwachung	6							7	1	4,8
Zugintegritätsüberwachung	7								6	28,6
Total									21	100,0

Tabelle 22: Präferenzmatrix

Die Berechnung der Gewichtung in der Präferenzmatrix erfolgt wie in folgender Tabelle dargestellt:

Beispiel: Berechnung der Gewichtung der Zugintegritätsüberwachung:
100 / (Gesamtsumme der Nennungen * Anzahl der Nennungen des Kriteriums)
= 100 / (21 * 6) = 28,6

Tabelle 23: Berechnung der Gewichtung der Zugintegritätsüberwachung

Die Ermittlung der Zielerfüllungsgrade erfolgt mit Hilfe eines Bewertungsschemas, welches so aufgebaut ist, dass es einerseits über eine neutrale Stufe in der Mitte der Skala verfügt, andererseits genügend Teilstufen zwischen der Mitte und den Extremen, um eine überschaubare Differenzierung zu ermöglichen, aber nicht zu viele Teilstufen, die eine Genauigkeit vortäuschen, die bei dieser Nutzwertanalyse nicht erreichbar ist.

Bewertung		Beschreibung
nicht möglich	0	Ziel kann nicht erreicht werden
noch ungenügend	1	Ziel kann nur unter Akzeptanz von gravierenden Nachteilen in finanzieller und/oder betrieblicher Hinsicht erreicht werden
ungenügend	2	Ziel kann nur unter Akzeptanz von großen Nachteilen in finanzieller und/oder betrieblicher Hinsicht erreicht werden
noch mangelhaft	3	Ziel kann nur unter Akzeptanz von Nachteilen in finanzieller und/oder betrieblicher Hinsicht erreicht werden
mangelhaft	4	Ziel kann nur unter Akzeptanz von leichten Nachteilen in finanzieller und/oder betrieblicher Hinsicht erreicht werden
mittel/ ausreichend	**5**	**Ziel wird erreicht, Nutzen und Aufwand sind ungefähr gleich**
noch befriedigend	6	Ziel wird erreicht, Nutzen sind leicht höher als Aufwand
befriedigend	7	Ziel wird erreicht, Nutzen sind höher als Aufwand
noch gut	8	Ziel wird erreicht, Nutzen sind deutlich höher als Aufwand
gut	9	Ziel wird erreicht, Nutzen sind erheblich höher als Aufwand
sehr gut	10	Ziel wird erreicht, Nutzen sind sehr viel höher als Aufwand

Tabelle 24: Bewertungsskala der Zielerfüllung

Das Schema beginnt mit der Stufe 0 – „Ziel kann nicht erreicht werden" – die nur dann gewählt wird, wenn ein Kriterium von der betreffende Variante aus technischen oder anderen Gründen grundsätzlich nicht erfüllt werden kann. Die Stufe 5 – „Ziel wird erreicht, Nutzen und Aufwand sind ungefähr gleich" – stellt die Mitte dar, in der sich Nutzen und Aufwand einer Variante die Waage halten. Das andere Ende der Skala bildet die Stufe 10 – „Ziel wird erreicht, Nutzen sind sehr viel höher als Aufwand". Zwischen den Extremen und der Mitte liegen je vier Bewertungsschritte.

Nach der Gewichtung der einzelnen Kriterien werden im letzten Schritt die Varianten bewertet, indem die gewichteten Werte mit den Zielerfüllungsgraden multipliziert werden sowie aus den Summen der gewichteten Teilnutzwerte eine Reihenfolge der Varianten gebildet wird.

Nr.	Kriterium	Ge-wich-tung	Schrauben-kupplung		C-AKv		Schaku GV		MPK+	
			Er-fül-lung	G*E	Er-fül-lung	G*E	Er-fül-lung	G*E	Er-fül-lung	G*E
1	(teil-) auto-matisches Entkuppeln	14,3	2	29	2	29	8	114	10	143
2	automati-sches Kup-peln	19,0	2	38	2	38	6	114	10	190
3	Entglei-sungsdetek-tion	4,8	1	5	8	38	7	33	8	38
4	Höhere Zug- und Druckkräfte	23,8	1	24	8	190	8	190	8	190
5	Intelligente Fahrwerks-überwa-chung	4,8	1	5	8	38	10	48	10	48
6	Ladungs-überwa-chung	4,8	2	10	2	10	6	29	10	48
7	Zugintegri-tätsüberwa-chung	28,6	2	57	2	57	6	171	10	286
	Total	100		167		400		700		943
	Rang			4		3		2		1

Tabelle 25: Bewertung der Zielerfüllung und Rangfolge

Nutzwertanalyse

Die Bewertungen kommen wie folgt zu Stande:

Die Zugintegritätsüberwachung ist bei der Variante Schraubenkupplung mit einer zusätzlichen Leitungsverbindung, die vom Rangierpersonal ge- bzw. entkuppelt werden muss, möglich. Dies ist für Zugverbände, die betrieblich selten getrennt werden, z. B. Personenzüge oder Ganzzüge akzeptabel, verursacht allerdings bei Rangiervorgängen zusätzlichen Personal- und Zeitaufwand. Für die Variante C-AKv gilt dasselbe, beide werden mit ungenügend bewertet, da das Ziel der Vereinfachung und Rationalisierung des Schienenverkehrs damit nicht erreicht werden kann. Dagegen erreichen die beiden übrigen Varianten, Scharfenberg und MPK+, eine Einstufung von 8 bzw. 10. Der Unterschied liegt darin, dass die elektrische Leitung bzw. Datenleitung bei einer Kupplung vom Typ Scharfenberg mit seitlichen oder über der eigentlichen Kupplung angebrachten Zusatzmodulen realisiert wird, in der MPK+ diese Leitungen integriert sind und wesentlich robuster ausgeführt werden, als bisher bei Scharfenbergkupplungen üblich.

Die Entgleisungsdetektion kann bei einer Schraubenkupplung wie auch der C-Akv nur mit einer zusätzlich zu kuppelnden Leitung zur Datenübertragung erreicht werden, eine weitere Leitung ist zur Stromversorgung der Sensoren notwendig, alternativ eine Stromversorgung mittels Batterie in jedem Wagen. Beides bedeutet einen erheblichen Zusatzaufwand bei Kuppelvorgängen, Wartung und Investitionskosten. Bei der Scharfenbergkupplung sind diese Leitungen mittels Zusatzmodulen ausrüstbar, bei der MPK+ direkt in der Kupplung integriert.

Höhere Zug- und Druckkräfte können mit einer Standard-Schraubenkupplung nur durch den Einsatz durch höherwertigeres Material an Kupplungen und Seitenpuffern erreicht werden, was aber mit erheblichen Mehrkosten verbunden ist, da die Kupplung nicht schwerer werden kann, als der aktuell verwendete Typ, da sonst das Kuppeln für das Rangierpersonal kraftmäßig nicht mehr zu leisten wäre. Aus diesen Gründen wird nur ein Punkt vergeben. MPK+ und C-AKv sowie Scharfenbergkupplung für den Güterverkehr erlauben deutlich höhere Anhängelasten von 1000 kN / 2000 kN bzw. 1000 kN / 1500 kN (Zug- / Druckkraft). Sie werden mit zehn bzw. neun Punkten bewertet. Die Bewertung der MPK+ entspricht der C-AKv, da von einer ähnlichen Konstruktion ausgegangen wird.

Automatisches Kuppeln bzw. Entkuppeln ist mit der Standard-Schraubenkupplung nur eingeschränkt möglich, z. B. mit den an vielen Rangierlokomotiven der Baureihen 364/365 und 294/295 verwendeten Rangierkupplungen vom Typ RK 900. Ein automatisches Kuppeln anderer Fahrzeuge untereinander ist nicht möglich. Aus diesem Grund wird als Bewertung noch ein Punkt vergeben. Bei der C-AKv ist ein teilautomatisches Entkuppeln mittels Betätigen eines Hebels durch das Rangierpersonal vorgesehen, bei der Scharfenbergkupplung für hohe Lasten und der MPK+ erfolgt dies vollständig automatisch z. B. vom Führerstand des Triebfahrzeuges aus, daher werden letztgenannte mit vollen zehn Punkten beim Kriterium Entkuppeln bewertet, die C-AKv dagegen mit acht.

Die Servicefunktionen Intelligente Fahrwerksüberwachung und Ladungsüberwachung sind bei der Schraubenkupplung und der C-AKv wie auch die Entgleisungsdetektion nur durch Zusatzaufwand beim Kuppeln- und Entkuppeln mittels separat zu verbindenden Leitungen und in Wagen eingebauter Stromversorgung realisierbar. Auf Grund dieser Nachteile erfolgt eine Bewertung mit zwei Punkten.

Das Ergebnis zeigt einerseits, dass die MPK+ den größten Nutzwert aller betrachteten Kupplungssysteme verspricht, andererseits dass die Funktion der zuginternen Zugintegritätsüberwachung große Bedeutung im Zusammenhang mit dem Zugbeeinflussungssystem ETCS-Level 3 zukommt.

6 Kosten-Nutzen-Analyse

6.1 Überblick über das Verfahren

6.1.1 Einführung in das Verfahren

Eines der am häufigsten benutzten Bewertungsverfahren ist die Kosten-Nutzen-Analyse. Es handelt sich dabei um ein Verfahren zur Lösung von Entscheidungsproblemen, mit dessen Hilfe die Vorteilhaftigkeit und gesamtwirtschaftliche Rentabilität von Investitionen ermittelt werden kann, indem gemessen wird, ob der Aufwand (die Kosten) oder der Ertrag (der Nutzen) überwiegt. Die Kosten-Nutzen-Analyse ist ein umfassendes Verfahren, das nicht nur technischen und betriebswirtschaftlichen Kriterien, sondern auch volkswirtschaftliche, gesamtgesellschaftliche und umweltökonomische Folgen berücksichtigt. Dabei werden einerseits normative Vorstellungen der Wohlfahrtsökonomie berücksichtigt, andererseits aber auch Erkenntnisse privatwirtschaftlich orientierter Investitionsrechnungen [Hanusch1994].

In der Kosten-Nutzen-Analyse werden relevante Vor- und Nachteile bzw. Nutzen- und Kostenwirkungen gegenübergestellt. Die Auswertung soll die Auswahl der besten Handlungs-möglichkeiten erlauben. Die Kosten-Nutzen-Analyse hat den Anspruch, dass möglichst viele Wirkungen quantifiziert werden und in einer einheitlichen Dimension (z. B. Geldeinheiten) dargestellt werden. Können Wirkungen nicht quantifiziert werden, so werden sie als qualitativ-beschreibende Komponenten erfasst.

Die Auswahl der besten Handlungsalternative erfolgt auf Basis einer Auswertung sowohl der rechnerischen als auch der qualitativ-beschreibenden Untersuchungsergebnisse. Die Kosten-Nutzen-Analyse ist eines der gängigsten Bewertungsverfahren bei Entscheidungen in der öffentlichen Verwaltung, bei denen die Kosten und der Nutzen einer Alternative nicht ausschließlich monetär bewertet werden können.

Im Verkehrsbereich ist die „Standardisierte Bewertung von Verkehrswegeinvestitionen des öffentlichen Personennahverkehrs" ein bekanntes und häufig angewandtes Verfahren, welches eine vergleichbare Bewertung verschiedener Investitionsmaßnahmen, insbesondere des ÖPNV, nach einheitlichen Maßstäben liefern soll, um öffentliche Fördermittel nach Förderwürdigkeit zu verteilen [BMVBS2006]. Ziel ist es, einen möglichst hohen Überschuss der Nutzen über die Kosten zu erzielen, um ein möglichst gutes Nutzen-Kosten-Verhältnis zu erreichen. Projekte mit einem Nutzen-Kosten-Verhältnis über 1,0 gelten volkswirtschaftlich betrachtet als sinnvoll. Ein Vergleich des Nutzen-Kosten-Verhältnisses mehrerer Projekte erlaubt eine Reihung dieser. Maßnahmen mit einem höheren Nutzen-Kosten-Verhältnis sind grundsätzlich gegenüber denjenigen mit geringerem Nutzen-Kosten-Verhältnis zu präferieren.

6.1.2 Vor- und Nachteile des Verfahrens

Die verschiedenen Alternativen sind hinsichtlich ihrer Effektivität direkt miteinander vergleichbar; es kann i. d. R. eine Alternative als die beste Entscheidung ausgewählt werden.

Die den Kategorien Kosten bzw. Nutzen zugewiesenen, gemessenen und bewerteten Wirkungen fallen häufig zu unterschiedlichen Zeitpunkten des Planungszeitraumes an. Die für eine Beurteilung von Maßnahmen notwendige Vergleichbarkeit wird dadurch erreicht, dass die zeitindizierten Beiträge auf einen einheitlichen Diskontierungszeitpunkt umgerechnet werden; dies ist üblicherweise ein vor der Projektrealisierung liegender Zeitpunkt.

Die nicht-monetär bewertbaren Indikatoren fließen in die abschließende Bewertung der Alternativen ein. Sie werden damit geringer gewichtet als die monetären Indikatoren.

6.1.3 Begründung des Verfahrens

Mit der Durchführung einer Kosten-Nutzen-Untersuchung soll erreicht werden, dass die Auswirkungen der beabsichtigten Investitionen in transparenter Form dargelegt werden, um mögliche Zielkonflikte sachbezogen austragen zu können.

Es wird ein gesamtwirtschaftlicher Ansatz gewählt, damit nicht nur der betriebswirtschaftliche Nutzen bei den Bahnakteuren, sondern auch der volkswirtschaftlichen Nutzen durch Verlagerungseffekte erfasst wird, um die gesamtwirtschaftliche Vorteilhaftigkeit der Investition im Hinblick auf eine mögliche Förderung durch öffentliche Zuwendungsgeber zu zeigen.

Die gesetzliche Grundlage für die Forderung nach Durchführung von Kosten-Nutzen-Untersuchungen findet sich in § 6 des Gesetzes über die Grundsätze des Haushaltsrechts des Bundes und der Länder (HGrG) [BMJV1969a] und in § 7 der Bundeshaushaltsordnung (BHO) [BMJV1969b]. In diesen wird für Vorhaben mit einer erheblichen finanziellen Bedeutung die Durchführung von Kosten-Nutzen-Untersuchungen verlangt.

6.1.4 Methodik: Mit-/Ohnefall-Prinzip

Die Ermittlung gesamtwirtschaftlicher Wirkungen ist dann hinreichend exakt, wenn einzelne, abgrenzbare Handlungsalternativen verglichen werden. Diese Kosten-Nutzen-Untersuchung beruht daher auf dem Mit-/Ohnefall-Prinzip, das in der folgenden Tabelle dargestellt ist.

	Zustand	Beschreibung
aktuell	Istzustand	Situation zum Untersuchungszeitpunkt
zukünftig	Ohnefall	zukünftiger Zustand ohne Investitionsvorhaben
	Mitfall	Planfall mit Investitionsvorhaben

Tabelle 26: Mit-/Ohnefall-Prinzip

Es werden Veränderungen ermittelt, die durch die Realisierung des zu prüfenden Vorhabens (Mitfall / Planfall mit Investitionsvorhaben) gegenüber den Verhältnissen ohne Realisierung des Vorhabens (Ohnefall / Planfall ohne Investitionsvorhaben) hervorgerufen werden. Die Ergebnisse werden in Form von Salden ausgewiesen, deren Interpretation durch Bezugnahme zu den absoluten Größen der Planfälle unterstützt wird.

6.2 Verfahrensablauf der Kosten-Nutzen-Analyse

6.2.1 Ablaufschema

Nachdem wesentliche Nutzenkomponenten schon in der vorangegangenen Nutzwertanalyse aufgezeigt wurden, werden diese sowie wesentliche Kostenkomponenten mit Hilfe der Standardisierten Bewertung auf Vollständigkeit geprüft und systematisch erfasst. Anschließend wird untersucht, ob diesen Komponenten Kosten- und Wertansätze zuzuordnen sind, um diese entweder zu monetarisieren oder zu quantifizieren. Ist eine Monetarisierung möglich, so werden Teilindikatoren ermittelt und diese in Formblättern ähnlich der „Standardisierten Bewertung von Verkehrswegeinvestitionen des ÖPNV" dargestellt und als Ergebnis der Nutzen-Kosten-Indikator ermittelt. Nicht monetarisierbare Kosten- und Nutzenkomponenten werden quantifiziert und in einem nutzwertanalytischen Indikator ausgewiesen. Falls auch eine Quantifizierung nicht möglich sein sollte, wird in einem ergänzenden verbalen Bericht beschrieben, welche Auswirkungen möglicherweise zu erwarten sind. In der nachfolgenden Abbildung wird der Ablauf der Kosten-Nutzen-Analyse dieses Berichtes dargestellt.

Kosten-Nutzen-Analyse

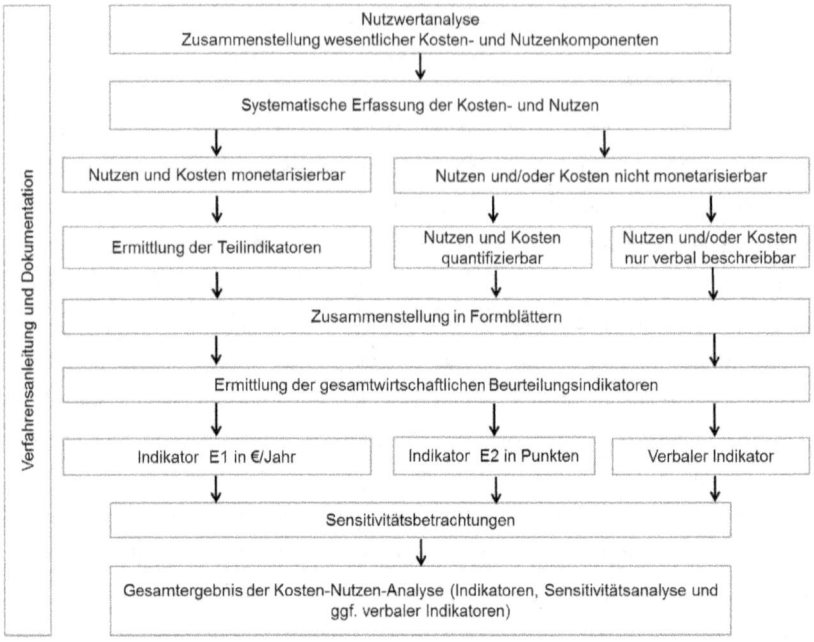

Abbildung 28: Ablaufschema der Kosten-Nutzen-Analyse

Der ermittelte Kosten-Nutzen-Indikator E1, der ergänzt durch einen Indikator E2 – falls Nutzen- und Kostenkomponenten nur quantifiziert, aber nicht monetarisiert werden können – und einen verbalen Indikator – in dem alle weiteren, nicht monetarisierbaren und quantifizierbaren Komponenten beschrieben werden, ist Hauptbestandteil der abschließen Gesamtbewertung, in der zusätzlich noch Sensitivitätsbetrachtungen wichtiger Komponenten einfließen. In diesen Sensitivitätsbetrachtungen werden das Mengengerüst bzw. Kosten- und Wertansätze variiert.

6.2.2 Ermittlung der Teilindikatoren

Die Standardisierte Bewertung folgt einem in der Verfahrensanleitung vorgeschriebenen Ablauf, der bei allen Maßnahmen gleich ist:

- Beschreibung des Investitionsvorhabens und Zusammenstellung aller Daten
- Ermittlung der Grundlagendaten
- Abstimmung des Angebotskonzepts und der Nachfragedaten

- Ermittlung der Teilindikatoren in originären Messgrößen
- Ermittlung der Beurteilungsindikatoren in monetärer Form
- Aufstellung einer Gesamtübersicht der Bewertungsergebnisse und Erstellung eines Erläuterungsberichts [Martin2014]

Für die Bewertung der MPK+ muss die Standardisierte Bewertung an einigen Stellen angepasst werden, um statt einer ÖV-Maßnahme die Einführung eines Kupplungssystems darstellen zu können.

Die nachfolgende Tabelle gibt einen Überblick über die wichtigsten Teilindikatoren der Standardisierten Bewertung. Die in der Tabelle aufgeführten Teilindikatoren werden jeweils in ihrer originären Messgröße ermittelt und anschließend monetarisiert [Martin2014]

Teilindikator	Dimension der originären Messgröße
Saldo des Kapitaldienstes Fahrweg Schiene	T€/Jahr
Saldo der Unterhaltungskosten Fahrweg Schiene	T€/Jahr
Saldo der Betriebskosten Schiene	T€/Jahr
Saldo der Betriebskosten Straße	T€/Jahr
Reisezeitdifferenz	h/Jahr
Saldo der CO_2-Emissionen	t/Jahr
Bewertung des Saldos weiterer Schadstoffemissionen	T€/Jahr
Saldo der Unfallschäden - Tote - Schwerverletzte - Leichtverletzte - Sachschäden	 Personen/Jahr Personen/Jahr Personen/Jahr T€/Jahr

Tabelle 27: Monetarisierbare Teilindikatoren der Standardisierten Bewertung

Die Tabelle zeigt die in der Standardisierten Bewertung normalerweise betrachteten Teilindikatoren. Diese müssen für eine Bewertung der MPK+ angepasst werden, ein Schema könnte aussehen, wie in folgender Tabelle dargestellt.

Teilindikator	Dimension der originären Messgröße
Saldo des Kapitaldienstes der Schieneninfrastruktur	T€/Jahr
Saldo des Kapitaldienstes für Kupplungen	T€/Jahr
Saldo der Gesamtkosten ohne Kapitaldienst für ortsfeste Infrastruktur	T€/Jahr
Saldo der CO_2-Emissionen	t/Jahr
Bewertung des Saldos weiterer Schadstoffemissionen	T€/Jahr
Saldo der Unfallschäden - Tote - Schwerverletzte - Leichtverletzte - Sachschäden	Personen/Jahr Personen/Jahr Personen/Jahr T€/Jahr

Tabelle 28: Monetarisierbare Teilindikatoren der Standardisierten Bewertung der MPK+

Dieses modifizierte Schema muss im weiteren Verlauf dieser Untersuchung präzisiert und verifiziert werden.

6.2.2.1 Kapitaldienst und Unterhaltungskosten der Infrastruktur

Der Kapitaldienst für die Infrastruktur wird mit Hilfe der Annuitätenmethode berechnet. Die Nutzungsdauern der einzelnen Anlagenteile werden aus Statistiken von Infrastruktur- und Verkehrsunternehmen erhoben und werden in der Verfahrensanleitung der Standardisierten Bewertung vorgegeben. Das gleiche gilt für den zu unterstellenden Zinssatz, der aktuell 3 % beträgt.

Die Unterhaltungskosten der Infrastruktur werden im Anschluss an die Ermittlung des Kapitaldienstes ermittelt. Die Unterhaltungskostensätze wurden dafür aus Statistiken von Infrastrukturunternehmen ermittelt und sind durch die Verfahrensanleitung vorgegeben.

6.2.2.2 Emissionskosten

Die Verringerung der Verkehrsleistung des Straßenverkehrs führt zu einer Verringerung der Emissionen. Daneben wird auch berücksichtigt, dass der zusätzliche Schienenverkehr ebenfalls Schadstoffe emittiert, die im Rahmen der Bewertung als negative Nutzwerte einfließen.

6.2.2.3 Unfallschäden

Als weitere Teilindikatoren gehen vermiedene Unfallschäden in die Bewertung ein.

Bei den Unfallschäden werden sowohl im Ohnefall als auch im Mitfall die von der Verkehrsleistung abhängigen Schadensraten ermittelt. Dabei werden vier Schadensgruppen berücksichtigt:

- Sachschäden
- Leicht- und Schwerverletzte
- Getötete Personen

Die Kostensätze für die Unfallschäden werden mittels eines produktionsorientierten An-satzes unter Berücksichtigung humanitärer und außermarktlicher Effekte bestimmt.

6.2.2.4 Ermittlung der Beurteilungsindikatoren

Die ermittelten Teilindikatoren werden zum Abschluss der Bewertung zu Beurteilungsindi-katoren zusammengefasst. Die Standardisierte Bewertung kennt zwei unterschiedliche Beurteilungsindikatoren, die sich darin unterscheiden, ob die Nutzen monetarisiert werden oder nur in einer Punkteskala vorliegen:

In den Beurteilungsindikator E1 gehen nur monetäre Nutzen und Kosten ein. Diese sind entweder originär monetär oder wurden monetarisiert. Durch den Vergleich der Nutzen (ggf. kann es auch negative Nutzen geben) mit den Kosten (in Form des Kapitaldienstes für die Maßnahme) stellt E1 damit das Ergebnis einer Nutzen-Kosten-Analyse dar.

Weitere Effekte können auch lediglich verbal beschrieben werden. Diese gehen aber nicht direkt in die Bewertung ein, sondern ergänzen diese im Gesamtergebnis.

6.2.2.5 Ergebnisdarstellung

Die Berechnungen und Ergebnisse der Standardisierten Bewertung werden auf Formularen dargestellt, die durch die Verfahrensanleitung vorgegeben sind. Auf diese Weise sind nicht nur die Berechnungen, sondern auch die Rechenschritte transparent und nachvollziehbar.

Auf Formblatt E1 findet sich das Endergebnis der monetären Bewertung: Die auf ein Jahr berechneten Nutzen der Maßnahme sind höher als die Kosten, wenn die Maßnahme volkswirtschaftlich vorteilhaft ist und realisiert werden sollte.

Die Untersuchung der MPK+ in den folgenden Kapiteln basiert auf diesen Formblättern. Da sich die Betrachtung der MPK+ in verschiedenen Szenarien unterschiedlicher Dauer von der Betrachtung einer Investitionsmaßnahme im ÖV unterscheidet, muss an einigen Stellen davon abgewichen werden. Es wird jedoch angestrebt, dem standardisierten Schema soweit als möglich zu folgen.

6.3 Migrationsszenarien

Für die Phase der Umrüstung von der Schraubenkupplung auf die neue MPK+ sind mehrere Szenarien denkbar. Da die MPK+ mit der Schraubenkupplung kuppelbar ist, ist keine Umstellung innerhalb allerkürzester Zeit notwendig, wie dies in den 1970er Jahren bei der geplanten europaweiten Einführung der AK69e/Intermat-Kupplung geplant war und scheiterte.

Im weiteren Verlauf dieser Untersuchung werden zwei unterschiedliche Migrationsszenarien betrachtet, die sich in der Migrationsdauer unterscheiden. Das erste Szenario, der Mitfall 1, geht von einer vollständigen Umrüstung auf MPK+ innerhalb kürzester Zeit aus; das zweite Szenario, der Mitfall 2, geht von einer allmählichen Umrüstung über einen längeren Zeitraum hinweg aus.

In beiden Mitfällen erfolgt eine Migration auf die in diesem Bericht vorgestellte Mittelpufferkupplung MPK+, wohingegen der Ohnefall von einer Beibehaltung der Standard-Schraubenkupplung ausgeht.

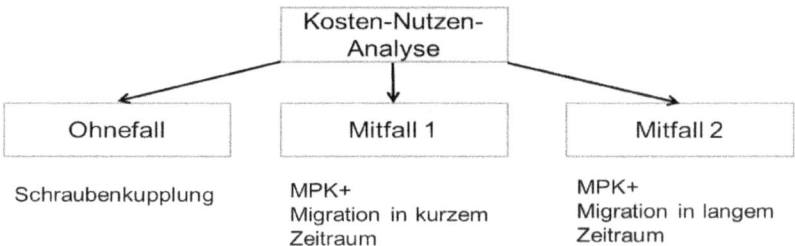

Abbildung 29: Ohnefall und Mitfälle

Bei einem kurzen Migrationszeitraum ist an eine Umrüstung vorhandener Fahrzeuge bei regulären Fristarbeiten gedacht, daher wird von einem Zeitraum von zwei Jahren ausgegangen. Der Mitfall 2 geht im langen Szenario von einer Migrationsdauer von acht Jahren und einer Umrüstung im Rahmen der Hauptuntersuchung des Fahrzeuges. Beide Szenarien setzen voraus, dass spätestens bei Beginn der Migrationsphase Neufahrzeuge nur noch mit MPK+ in Dienst gestellt werden.

Mitfall 1	Mitfall 2
MPK+	
Kurzer Migrationszeitraum	Langer Migrationszeitraum
Dauer: 2 Jahre	Dauer: 8 Jahre
Umrüstung bei Fristarbeiten	Umrüstung bei Hauptuntersuchung

Tabelle 29: Mitfälle

Der Unterschied beider Mitfälle liegt in der Migrationsdauer. Im Mitfall 1 fallen die Umrüstkosten in einem kurzen Zeitraum an, dafür können die Nutzwerte nach einer ebenso kurzen Zeit vollumfänglich eintreten. Im Mitfall 2 fallen die Umrüstkosten verteilt auf acht Jahre an, die Nutzwerte treten vollumfänglich frühestens nach diesen acht Jahren ein. In beiden Fällen wird unterstellt, dass die äußeren Rahmenbedingungen, die für den Eintritt der möglichen gesamten Nutzwerte notwendig sind, am Ende der Migrationszeit erfüllt sind. Diese Rahmenbedingungen sind in beiden Fällen die gleichen, z. B. die Möglichkeit mit der Zugintegritätsprüfung auch ETCS-Level 3

Kosten-Nutzen-Analyse

umzusetzen oder durch die höheren Anhängelasten schwerere und längere Züge zu fahren. Die Festlegung der Migrationsdauer auf diese zwei Zeiträume erfolgt daher, dass zur Umrüstung vorhandener Wagen und Triebfahrzeuge ein Aufenthalt in einer Werkstatt zwingend notwendig ist, auch wenn die meisten Fahrzeuge konstruktiv auf den Einbau einer Mittelpufferkupplung bereits vorbereitet sind. Ein Kupplungstausch während eines regulären Werkstattaufenthalts zu Fristarbeiten bzw. ein Aufenthalt im Ausbesserungswerk zur Hauptuntersuchung bietet sich daher an, da somit zusätzliche Ausfallzeiten für den Betrieb vermieden werden. Es wird daher angenommen, dass in diesen beiden Szenarien keine zusätzlichen Kosten für Überführungen zu Werkstätten, sondern nur für die Umrüstung des Kupplungssystems entstehen.

Es zeigten sich in einer Diskussion mit einer Expertenrunde unterschiedliche Meinungen zur Migrationsdauer. So kann als „kurzer" Zeitraum auch die versuchte Umrüstung während weniger Wochen in den 1970er Jahren gesehen werden. Dies erscheint jedoch unrealistisch, da die hierfür notwendigen Werkstattkapazitäten heute wie damals nicht zur Verfügung stehen, außerdem eine Produktion und Lagerung von mehreren Hunderttausend Kupplungen im Vorfeld erhebliche Zusatzkosten verursachen würde. Die obere Grenze eines „langen" Migrationszeitraumes könnte auch länger als acht Jahre betragen – allerdings würde dies jahrelange Investitionen in ein Kupplungssystem bedeuten, ohne dass auf absehbare Zeit alle Möglichkeiten bzw. Nutzen der Kupplungen ausgeschöpft würden. Eine weitergehende Untersuchung der optimalen Migrationsdauer würde den Umfang dieses Berichtes übersteigen, daher werden im weiteren Verlauf die beiden Szenarien mit einer zwei- bzw. achtjährigen Migrationszeit weiterverfolgt.

Die Ergebnisse hängen von den gesteckten Rahmenbedingungen ab. Es wird bei dieser Untersuchung vorausgesetzt, dass nach Abschluss der Umrüstung aller Fahrzeuge entscheidende Variablen erfüllt sind, z. B. das Zugbeeinflussungssystem ETCS-Level 3 zur Verfügung steht und der infrastrukturseitig Züge über 750 Meter Gesamtlänge möglich sind.

6.4 Integration eines Mengengerüstes

6.4.1 Investitionen Kupplungen

Bei der Einführung der MPK+ in Deutschland müssen trotz eines Rückgangs der Zahl der umzurüstenden Fahrzeuge, insbesondere der Zahl der Güterwagen, die seit der gescheiterten Einführung der AK69-Kupplung in den 1970er Jahren von rund 280.000 auf 180.000 im Jahr 2013 zurückgegangen ist - große Investitionen getätigt werden. Die Höhe der Investitionen hängt außer von der Anzahl der umzurüstenden Fahrzeuge von den Kosten einer MPK+ sowie den Kosten für die Umrüstung ab.

Über die Zahl der potentiell in Deutschland umzurüstenden Fahrzeuge liefert nachfolgende Tabelle einen Überblick:

Stückzahlen Fahrzeuge in Deutschland	DB AG	andere Fahrzeughalter	Summe
Güterwagen	92.000	88.000	180.000
Personenwagen	7.000	2.000	9.000
Lokomotiven SGV	3.000	1.000	4.000
Lokomotiven PV	1.500	500	2.000
Summe gesamt			195.000
Summe nur SGV			184.000

Tabelle 30: Stückzahlen umzurüstender Fahrzeuge in Deutschland

Laut Angaben der Deutschen Bahn AG verfügte DB Schenker Rail Ende 2013 über rund 92.000 Güterwagen, der Personenverkehr über rund 7.000 Reisezugwagen [DB AG2013]. Im deutschen Fahrzeugregister werden über die letzten Jahre hinweg durchschnittlich 180.000 Güterwagen insgesamt geführt [Deutscher Bundestag2014], die Zahl der Reisezugwagen in Deutschland liegt bei insgesamt rund 9.000 [Statistisches Bundesamt2014].

Als durchschnittliche Nutzungsdauer wird bei Schienenfahrzeuge häufig ein Wert von 20 bis 24 Jahren und einer genauso langen Abschreibungsdauer angesetzt..

Für die in diesem Bericht betrachtete Kupplung vom Typ MPK+ wird eine Annahme zur sicheren Seite hin getroffen und eine Nutzungsdauer (Abschreibung) von 20 Jahren festgelegt. Dies bedeutet, dass pro Jahr durchschnittlich rund 9.200 Fahrzeuge neu in Dienst gestellt werden. Ein Unterschied in den Szenarien besteht damit in den während der Migrationszeit umzurüstenden und neu in Dienst zu stellenden Fahrzeugen. Während einer Migrationszeit von zwei Jahren sind 165.600 Fahrzeuge auf MPK+ umzurüsten, in der längeren Migrationszeit von 8 Jahren 110.400 Fahrzeuge. Nachfolgende Tabelle zeigt dies im Überblick.

Beschreibung	Stückzahl
Potentiell umzurüstende Fahrzeuge in Deutschland gesamt	195.000
Neubauten Fahrzeuge pro Jahr bei Nutzungsdauer 20 Jahre	9.200
Fahrzeuge umzurüsten in 2 Jahren (Szenario 1)	165.600
Fahrzeuge umzurüsten in 8 Jahren (Szenario 2)	110.400

Tabelle 31: Stückzahlen umzurüstender Fahrzeuge in den Migrationsszenarien

Somit werden während zwei Jahren rund 18.400 Fahrzeuge neu mit MPK+ in Dienst gestellt, während eines Migrationszeitraumes von 8 Jahren rund 73.600. Diese durchschnittlichen Werte sind unter der Annahme getroffen, dass sich der Fahrzeugpark nicht weiterhin stetig verkleinert, wie Statistiken der letzten 50 Jahre ausweisen.

Die Aufteilung zwischen neu auszurüstenden und umzurüstenden Fahrzeugen gestaltet sich damit in den beiden Szenarien wie in den folgenden Tabellen dargestellt:

Szenario 1	Jahr 1	Jahr 2
Ausrüstung Neufahrzeuge	9.200	9.200
Umrüstung Altfahrzeuge	82.800	82.800
Umrüstung Altfahrzeuge gesamt		165.600
kumuliert		184.000

Tabelle 32: Stückzahlen aus- und umzurüstender Fahrzeuge im Migrationsszenario 1

Szenario 2	pro Jahr	in 8 Jahren
Ausrüstung Neufahrzeuge	9.200	73.600
Umrüstung Altfahrzeuge	13.800	110.400
kumuliert		184.000

Tabelle 33: Stückzahlen aus- und umzurüstender Fahrzeuge im Migrationsszenario 2

Nachdem dargestellt wurde, mit welcher Anzahl umzurüstender Fahrzeuge zu rechnen ist, müssen die Investitionen ermittelt werden.

Für zwei Seitenpuffer plus Schraubenkupplung bewegen sich die Investitionen auf Preisstand 2013 bei rund 1.700 €, während die MPK+ auf rund 3.500 € pro Stück angesetzt wird. Als Kosten für die Umrüstung pro MPK+ werden 1.200 € angesetzt. Diese Werte basieren auf Zahlen, die in anderen wissenschaftlichen Betrachtungen der Mittelpufferkupplung verwendet wurden [Sünderhauf2010] und im Falle der Umrüstkosten einen Kostenaufschlag für die bei der MPK+ einzubauende elektrische Datenverbindung in den Fahrzeugen enthalten.

Nachfolgende Tabelle gibt dazu einen Überblick:

Ausrüstungsgegenstand	Schraubenkupplung mit Seitenpuffern	MPK+	Umrüstungskosten MPK+
Preisstand 2013	1.700	3.500	1.200

Tabelle 34: Kosten der MPK+ Preisstand 2013

6.4.2 Investitionen Infrastruktur

Die Besonderheit der MPK+ liegt darin, dass es sich um eine elektrische Leitungskupplung handelt. Damit wird die Voraussetzung für eine zuginterne Zugintegritätsprüfung geschaffen, die für das zukünftige europäische Zugbeeinflussungssystem ETCS-Level 3 zwingend notwendig wird. Ohne die MPK+ kann eine zuginterne Zugintegritätsüberwachung im Güterverkehr bei heutigem technischem Stand nicht mit vertretbarem Aufwand realisiert werden. Durch ETCS Level-3 und die MPK+ werden zusätzlich Gleisfreimeldeanlagen auf freier Strecke überflüssig, da durch die MPK+ die Zugintegritätsüberwachung übernommen wird. Dies bedeutet, dass die im Ohnefall notwendigen Ersatzinvestitionen in Gleisfreimeldeanlagen in den Mitfällen nicht mehr anfallen. Im Bahnhofsbereich werden Gleisfreimeldeanlagen weiterhin benötigt, da sonst die Gleisbelegung auf den Stellwerken nicht erkannt wird. Durch spezielle Regelungen sind auch Lösungen ohne Gleisfreimeldeanlagen im Bahnhofsbereich denkbar, diese bieten allerdings nicht die Sicherheit, die mit Gleisfreimeldeanlagen erreicht wird. Im Folgenden wird daher davon ausgegangen, dass auch bei ETCS-Level 3 in Verbindung mit der MPK+ Gleisfreimeldeanlagen im Bahnhofsbereich benötigt werden.

Da ETCS-Level 3 ähnlich ETCS-Level 2 aufgebaut ist, jedoch auf die streckenseitige Gleisfreimeldung verzichtet wird, geht dieser Bericht davon aus, dass die ETCS-Strategie der DB Netz AG, die grundsätzlich die Ausrüstung der Strecken mit ETCS-Level 2 vorsieht, bei einer (absehbaren) Einführung der MPK+ auf Level 3 geändert wird. Im Folgenden wird unterstellt, dass eine vollständige Umrüstung auf MPK+ zusammen mit einer Realisierung von ETCS-Level 3 bis zum Prognosejahr 2030 durchgeführt ist.

Für Gleisfreimeldeanlagen wurden folgende Werte nach Befragung einer Expertenrunde[12] ermittelt:

---

[12] Treffen einer Expertenrunde der DB Netz AG in Stuttgart am 2.12.2014

Gleisfreimelde-anlagen	Anzahl Deutschland	Davon auf freier Strecke	Davon auf freier Strecke	Preisstand 2013
	[Stück]	[%]	[Stück]	[€ pro Stück]
Achszähler	170.000	25	42.500	2.000
Gleisstromkreise	83.000	25	20.750	1.500

Tabelle 35: Gleisfreimeldeanlagen

6.4.3 Erhöhung der Transportleistungsfähigkeit im Güterverkehr

Durch die für die für die MPK+ vorausgesetzte max. Zugkraft von mindestens 1.000 kN, die der Zugkraft der aktuell bei den schweren Erzzügen eingesetzten C-AKv bzw. dem Doppelten der bisher eingesetzten Schraubenkupplung entspricht, sind künftig doppelt so lange bzw. schwere Züge fahrbar als bisher möglich.

Auf Seiten der Infrastruktur sind schwereren und auch längeren Zügen bislang Grenzen gesetzt. Diese liegen auf Bahnstrecken der höchsten Klasse D4, dem aktuellen Standard für Neu- und Ausbaustrecken, einerseits in der maximal zulässigen Radsatzlast von 22,5 Tonnen pro Achse und einer Meterlast von 8,0 Tonnen pro Meter [DBNetz2013], andererseits in den Längen der Ausweich- und Überholgleise, die bislang maximal 750 Meter beträgt (in wenigen Sonderfällen 835 Meter). Eine weitere Beschränkung liegt in der Begrenzung der Achszählanlagen auf maximal 250 Achsen pro Zug.

Die Einführung des europäischen Zugbeeinflussungssystems ETCS-Level 3 (Moving Block) ist mit einer Anpassung der Sicherheitstechnik verbunden, bei der infrastrukturseitige Voraussetzungen für längere Züge berücksichtigt werden können.

Die Steigerung der Transportleistungsfähigkeit der Bahn durch höhere System- und Umlaufgeschwindigkeiten bedingt durch eine automatische Kupplung wurde in den letzten Jahren in mehreren Studien untersucht. Prof. Sünderhauf gründet seine Berechnung [Sünderhauf2009] auf einer Expertenbefragung zur möglichen Steigerung der Systemgeschwindigkeit. Die Studie differenziert die Kategorien, Einzelwagen, Ganzzüge und kombinierter Verkehre sowie deren Anteil an der Verkehrsleistung der Bahn und errechnet eine Steigerung der Transportleistung von 23,3 % bzw. 19,2

Mrd. tkm/Jahr (Basis Jahr 2000). Eine andere Studie [BMVBW2003] berechnet auf Basis der verkürzten Kuppel- und Entkuppelprozesse sowie verkürzter Rangierzeiten eine Steigerung der Transportleistung von 23,9 % bzw. 17,8 Mrd. tkm/Jahr (Basis Jahr 2003).

Eine Aktualisierung dieser Berechnungen zeigt, dass das Ergebnis – die Steigerung der Transportleistungsfähigkeit des Güterverkehrs durch Erhöhung der Systemgeschwindigkeit durch die Einführung einer automatischen Kupplung um mindestens 20 % – bestätigt werden kann und rund 24 % bzw. 25,8 Mrd. tkm/Jahr beträgt (Stand 2010). In der Bewertung wird ein auf 20 % abgerundeter Wert angesetzt[13].

Ein wichtiger Faktor bei der Erhöhung der Transportleistungsfähigkeit im Schienengüterverkehr ist die Erhöhung der Zuglänge. in der Studie „Die moderne europäische Güterbahn der Zukunft" [BMFB2003] deutliche Kapazitätserweiterungseffekte im Güterverkehr prognostiziert. Es wird festgestellt, dass sich die Erhöhung der Zugfolgezeit wegen längerer Züge kaum auf die maximal mögliche Trassenanzahl auswirkt und daher mit einer Erhöhung der Transportleistung von doppelt langen Zügen gegenüber einer Betriebsweise mit 700 Meter langen Zügen um 60 – 80 % in einem ausgewählten Korridor steigen könnte.

In dem vom BMWI geförderten Verbundprojekt GZ 1000 [Deutsche Bahn AG2010] werden Kapazitätserweiterungseffekte von 10 – 20 % für das Gesamtnetz für 1.150 Meter lange Züge[14] bei Anpassung der wichtigsten Hauptstrecken hinsichtlich (Leit- und Sicherungstechnik sowie Länge der Überholgleise) ermittelt.

Das Verbundprojekt kommt zu folgendem Ergebnis: „Trotz sinkender Streckenkapazität (Züge je Zeiteinheit) führen längere Güterzüge unter der Annahme einer gleichbleibenden Betriebsqualität und einer Wiedervermarktung freiwerdender Trassen dennoch zu einer Steigerung der Transportkapazität (Transportvolumen je Zeiteinheit)". Des Weiteren wird festgehalten, dass je nach untersuchter Strecke mit 1.150 Meter langen Zügen nur zwischen 35 % und 70 % des Marktpotentials ausgeschöpft

---

[13] Zur Berechnung siehe Tabelle im Anhang D

[14] Im Projekt GZ 1000 wird während des Projektes festgestellt, dass bei einer durchschnittlichen Güterzuglänge von rund 550 m mindestens der doppelte Wert angenommen werden sollte, um ein Flügelzugkonzept im Güterverkehr realisieren zu können. Daher wird die untersuchte Güterzuglänge von 1000 m auf 1150 m erhöht.

wird, das mit 1.500 Meter langen Zügen möglich ist [Deutsche Bahn AG2010]. Ausgehend von den Untersuchungsergebnissen wird daher in den weiteren Berechnungen von einer Steigerung der Transportleistungsfähigkeit des Gesamtnetzes durch 1.500 Meter langen Züge auf einigen angepassten Güterverkehrskorridoren wie z. B. den Nord-Süd Strecken von rund 15 % ausgegangen.

maximale Zuglänge aktuell (D)	maximale Zuglänge zukünftig (D)	Steigerung der Zuglänge in %	Steigerung Leistungsfähigkeit Gesamtnetz
750 m	1.500 m	100 %	15 %

Tabelle 36: Erhöhung der Zuglänge[15]

Diese Steigerung der Transportleistungsfähigkeit durch Güterzuglängen von 1.500 Metern bedingt einen Ausbau der Schieneninfrastruktur zumindest auf den Hauptkorridoren des Güterverkehrs. Hierfür bieten sich die schon als ETCS-Korridore benannten Strecken an [DB Netz2014]. Es handelt sich dabei um

- Korridor A: (Rotterdam –) Emmerich – Köln – Mannheim – Basel (– Genua)
- Korridor B: (Stockholm –) Hamburg – Würzburg – Augsburg – München – Kufstein (– Genua)
- Korridor F: (Antwerpen –) Aachen – Warschau

Der Korridor A umfasst 675 km Streckenlänge, Korridor B rund 850 km, Korridor F rund 750 km, gesamt knapp 2.300 km Länge auf denen neben dem in diesem Bericht nicht betrachteten, aber vorausgesetzten Ausbau ETCS-Level 3 bis zum Jahr 2030 zusätzlich Ausweich- und Überholgleise sowie Gleise in Rangierbahnhöfen ausgebaut werden müssen. Für diese Anpassungen werden in der Bewertung zwei Mrd. Euro Investitionen für Anpassung notwendiger Ausweich- und Überholgleise sowie Anpassung der Rangierbahnhöfe angesetzt.

Folgende Tabelle zeigt einen Überblick über die vom BMVI prognostizierten Werte [DieWelt2014] für das Jahr 2030. Die letzten Spalte zeigt die Werte einer 35 prozen-

---

[15] Gerundete Werte, die den den maximalen Gleislängen entsprechen - die maximalen Zuglängen betragen, 740 m und vsl. 1.480 m.

tigen Erhöhung der Leistungsfähigkeit der Schiene unter den Prämissen, dass erstens diese Kapazitätssteigerung durch eine Verkehrsverlagerung von der Straße auf die Schienen vollumfänglich ausgenutzt wird sowie zweitens, dass eine 35 prozentige Erhöhung der Transportleistung auf Basis der Daten des Jahres 2010 auf die Daten des Jahres 2030 übertragen werden kann.

Jahr	Transportleistung		
	Daten 2010	Prognose 2030	Daten 2010 + 35 %
	In [Mio. tkm]	In [Mio. tkm]	In [Mio. tkm]
Schienengüterverkehr	107.600	153.700	207.495
Straßengüterverkehr	437.300	607.400	553.605
gesamt	544.900	761.100	761.100

Tabelle 37: Prognose der Transportleistung 2030

Insgesamt führt die MPK+ somit zu einer Steigerung der Leistungsfähigkeit und Kapazität des Systems Bahn in Deutschland von rund 35 %, wovon 20 % auf die Beschleunigung der Transportprozessen durch automatisches Kuppeln, sowie weitere 15 %, die auf die Kapazitätssteigerung durch schwerere und längere Züge zurückzuführen sind.

Des Weiteren im Ohnefall wird davon ausgegangen, dass Infrastrukturinvestitionen von mindestens einer Mrd. Euro notwendig sind, um die prognostizierte Transportleistung im Jahr 2030 von 153.700 Mio. tkm mit Güterzügen der bisherigen Länge von maximal 740 Metern erreichen zu können. Diese Investitionen sind für zusätzliche Ausweich- und Überholgleise vorzusehen und können in den Mitfällen vermieden werden.

6.4.4 Personalkosten

Eine automatische Mittelpufferkupplung führt im Vergleich mit der manuell zu kuppelnden Schraubenkupplung zu einer wesentlich höheren Arbeitsproduktivität. Sowohl bei Rangierpersonal (direkter Personaleinsatz) als auch bei vor- und nachgelagerten Arbeitsabläufen (indirekten Personaleinsatz) ist mit deutlicher Reduktion zu rechnen. In der Studie „Strategien zur Erschließung der Marktpotentiale der Eisenbahn" [BMVBW2003] wurden 2003 Einsparungen in Höhe von rund 30 Mio. Euro pro Jahr berechnet. Diese Zahl wurde im Jahr 2005 auf 37 Mio. Euro aktualisiert [Martin2005]. Es wurden Zeiteinsparungen in Höhe von rund 1,5 Mio. Arbeitsstunden pro Jahr errechnet, was einer Personaleinsparung von rund 800 Mitarbeitern pro Jahr entspricht[16].

In anderen Studien [Sünderhauf2009] wird von deutlich höheren Einsparungen für den Personaleinsatzes ausgegangen und zu den berechneten 37 Mio. Euro der doppelte Wert für indirekten Personaleinsatz addiert. Dieser wesentlich höhere Wert von gesamt 120 Mio. Euro Einsparung bei Personalkosten kann nicht belegt werden, daher werden bei den weiteren Berechnungen 37 Mio. € angesetzt.

6.4.5   Unfallschäden

Nach dem Schema der Standardisierten Bewertung gehen Unfallschäden in die Bewertung ein, d. h. es wird sowohl die höhere Betriebsleistung des Schienengüterverkehrs als auch die niedrigere Betriebsleistung des Straßengüterverkehrs in den Mitfällen gegenüber dem Ohnefall berücksichtigt. Darüber hinaus reduziert sich die Anzahl der Rangierunfälle zwischen 60 % (Leichtverletzte) bis 90 % (Tote) [Bruckmann2014]. Aus den entsprechend angepassten Rangierunfallschadensraten ergeben sich unter Berücksichtigung des Anteil der Rangierunfälle von rund 25 % an den gesamten Schienenverkehrsunfällen [BMVIT2011] weitere positive Effekte in den Mitfällen von insgesamt knapp 2 Mio. Euro.

6.4.6   Abgasemissionen und Energieverbrauch

Auf Basis der angesetzten Erhöhung der Transportleistung im Schienengüterverkehr und der entsprechenden Reduktion im Straßengüterverkehr werden Abgasemissionen und Energieverbrauch auf Basis der Kennzahlen der Standardisierten Bewertung ermittelt. Es ergeben sich Nutzwerte von rund 12 Mio. Euro bzw. 138 Mio. Euro, die in den Kosten-Nutzen-Indikator einfließen.

---

[16] Siehe D2) im Anhang D

6.5 Ergebnisse der Kosten-Nutzen-Analyse

Nach Durchführung der Kosten-Nutzen-Analyse mit Hilfe von Formblättern, die denen der Standardisierten Bewertung ähnlich sind und an einigen Stellen angepasst wurden, ergeben sich folgende Ergebnisse:

	Mitfall 1	Mitfall 2
Nutzen in [T€/Jahr]	139.222	144.599
Kapitaldienst für die MPK+ im Mitfall = Kosten in [T€/Jahr]	93.540	68.289
Kosten-Nutzen-Verhältnis	**1,49**	**2,12**

Tabelle 38: Kosten-Nutzen-Indikatoren in den Mitfällen

In beiden Mitfällen ist ein Kosten-Nutzen-Verhältnis deutlich über dem Wert von 1,0 zu erzielen. Die Unterschiede erklären sich dadurch, dass die Kosten im längeren Szenario auf einen längeren Zeitraum verteilt werden. Es fallen zudem geringere Umrüstkosten für die MPK+ an, da während eines längeren Zeitraums mehr Neuwagen in Betrieb gehen als in einem kürzeren.

Die Nutzwerte verteilen sich wie in folgender Tabelle dargestellt:

Nutzwerte in [T€/Jahr]	Mitfall 1	Mitfall 2
EIU	22.335	17.401
EVU	- 35.228	- 24.918
Volkswirtschaftlich	152.116	152.116
Summe der Nutzwerte	139.222	144.599

Tabelle 39: Nutzwertverteilung

Es zeigt sich, dass durch die Einführung der MPK+ positive Nutzwerte für EIU zu erzielen sind. Für EVU sind negative Nutzwerte in Höhe von rund 25 bis 35 Mio. Euro jährlich zu erwarten. Die größten Nutzwerte gehen von den gesamtwirtschaftlichen Nutzen aus, die durch die Verkehrsverlagerungseffekte vom Straßen- hin zum

Schienenverkehr zu erzielen sind. Stellt man diesen Werten den Kapitaldienst für die MPK+ in Höhe von rund 94 bzw. 68 Mio. Euro pro Jahr gegenüber, so ist die Einführung der MPK+ aus gesamtwirtschaftlicher Sicht unbedingt zu empfehlen.

6.6 Zusatznutzen

6.6.1 Nicht in der Bewertung erfasste Nutzwerte

Nicht in der der Kosten-Nutzen-Analyse bzw. in den Formblättern erfasst sind die aus der vorangegangenen Nutzwertanalyse bekannten Nutzen aus Entgleisungsdetektion und intelligenter Fahrwerksüberwachung sowie Nutzen einer Schallreduzierung. Dies liegt daran, dass für diese Punkte die Ermittlung der Höhe der Investitionen sowie möglicher Nutzwerte von zahlreichen Parametern abhängt, die zum Teil noch gar nicht feststehen und abzusehen sind, da die notwendigen Zusatzgeräte sich noch in Entwicklung befinden.

6.6.2 Entgleisungsdetektion

Die Entgleisungsdetektion durch verschiedene technische Lösungen erreicht werden, z. B. erkennt ein Zusatzgerät am Wagen, der Entgleisungsdetektor, entgleiste Achsen, indem er die Stöße der Laufräder über die Bahnschwellen erfasst und auswertet. Im Falle einer entdeckten Entgleisung erhält der Lokführer nun entweder ein Warnsignal oder der Zug wird durch eine Schnellbremsung automatisch zum Stillstand gebracht. Ziel ist die Vermeidung von Schäden am Wagen, der Gefahrgut transportieren könnte, sowie auch die Vermeidung von Folgeschäden an der Schieneninfrastruktur. Sie Entgleisung eines Wagens am Zugende könnte so frühzeitig detektiert werden und der Zug zum Stillstand gebracht werden ohne dass z. B. mehrere Kilometer Schwellen durch entgleiste Wagen zerstört werden. Diese Schäden können zu Streckensperren und aufwendigen Instandsetzungsarbeiten führen. Durch eine Serienfertigung dieser Detektoren könnten die Investitionen stark reduziert werden und insgesamt ein größerer Nutzen als Kosten zu erwarten.

6.6.3 Intelligente Fahrwerksüberwachung

Die intelligente Fahrwerksüberwachung ist eine Funktion, die bislang kaum beachtet wurde. Das Problem liegt nicht in den notwendigen Sensoren, sondern in der Stromversorgung ohne die die Sensoren nicht funktionieren. Die Stromversorgung von Prototypen über Batterien oder von Radumdrehungen angetrieben Generatoren sind nicht zufriedenstellende Lösungen, da sie erhebliche Mehrkosten verursachen. Durch die elektrische Leitungskupplung MPK+ könnten diese Sensoren über die Kupplung mit Strom versorgt werden. Mit Sensoren ausgestattete Bremsanlagen könnten Daten über den Zustand direkt an Werkstätten übermitteln und so die Planung von Wartungsaufenthalten deutlich vereinfachen. Wagen müssen nur noch in die Werkstatt zum Austauschen von Bremsklötzen, wenn es wirklich notwendig ist. Weitere Sensoren könnten Heißläufer orten und so teure ortsfeste Heißläuferortungsanalagen (HOA) überflüssig machen frühzeitiger orten. Damit lassen sich Streckensperren auf Grund von Böschungsbränden reduzieren.

6.6.4 Schallemissionen

Ein weiterer Zusatznutzen entsteht durch Reduktion von Schallemissionen bei Rangier- und Kuppelvorgängen. Moderne automatische Mittelpufferkupplungen kuppeln mit wesentlich weniger Schallemissionen als Schraubenkupplungen, da sie über weniger bewegliche Teile verfügen. In welcher Höhe ein Nutzen durch die MPK+ entstehen wird, ist ohne funktionsfähige Prototypen kaum zu ermitteln. Ebenso muss der Nutzen speziell betrachtet werden, da Schallemissionen nicht von allen Menschen als gleich störender Lärm empfunden wird.

6.6.5 Ladungsverfolgung

Eine Ladungsverfolgung wird von zahlreichen Logistikunternehmen und deren Kunden gewünscht – eine Funktion wie die allgemein bekannte Paketverfolgung, die mittlerweile fast jedes Postunternehmen bietet. Dies setzt allerdings GPS in den Wagen voraus, welches Strom benötigt.

Weiteren Zusatznutzen generiert eine Ladungsüberwachung. Insbesondere bei Gefahrguttransporten wie z. B. chemischen Produkten, kann eine ständige Überwachung der Vermeidung von Zwischenfällen mit großen Auswirkungen dienen.

6.6.6 Geringerer Verschleiß bei Radsätzen und Schienen

Nicht in den Formblättern erfasst ist der beim Einsatz von Mittelpufferkupplungen nachgewiesene geringere Verschleiß bei Radsätzen und Schienen, der durch Reduktion der Querkräfte, die zwischen Rädern und Schiene wirken, entsteht. Die beabsichtigten längeren Züge und höheren bewegten Lasten führen zu einem höheren Verschleiß, der einen Teil der Effekte wieder kompensiert. Hierzu fehlen allerdings belastbare wissenschaftliche Werte, um dies zu quantifizieren.

6.6.7 Zusatznutzen Fazit

Bei allen genannten Funktionen und Faktoren ist die Wahrscheinlichkeit, Nutzwerte zu erzielen, hoch. Im Falle der Schallemissionen sind außer der Ausrüstung der Fahrzeuge mit MPK+ keine zusätzlichen Investitionen zu tätigen. Allerdings ist eine Monetarisierung oder auch Quantifizierung der Kosten und Nutzen wegen mehrerer unsicherer Parameter nicht qualifiziert möglich. Diese Werte gehen daher nicht in den Kosten-Nutzen-Indikator ein, stellen jedoch einen Nutzwert in Aussicht, der den Kosten-Nutzen-Indikator der MPK+ noch deutlich verbessern kann.

6.7 Sensitivitätsbetrachtung

6.7.1 Transportleistungserhöhung

Die in den Ergebnissen erzielten volkswirtschaftlichen Nutzwerte, die durch die berechnete Transportleistungserhöhung des SGV um 35 % sowie die Annahme, dass eine Verlagerung in dieser Höhe vom Straßen- hin zum Schienengüterverkehr zu realisieren ist, erscheinen auf den ersten Blick hoch, werden sie allerdings in Verbindung mit der gesamten für 2030 prognostizierten Transportleistung des Straßengüterverkehrs von 607.400 Mio. tkm pro Jahr gesehen, so sind nur rund 10 % des Straßengüterverkehrs des Jahres 2030 auf die Schiene zu verlagern.

Um zumindest in einem der beiden Szenarien einen Kosten-Nutzenindikator von über 1 zu erzielen, ist eine Transportleistungserhöhung des Schienengüterverkehrs sowie eine Ausnutzung dieser zusätzlichen Kapazität durch Verlagerung vom Straßengüterverkehr in Höhe von 17,5 % zu realisieren.

Sensitivitätsbetrachtung Kosten-Nutzen-Verhältnis der Mitfälle		
	Mitfall 1	Mitfall 2
	[T€/Jahr]	
Nutzen	63.312	68.689
Kapitaldienst für die MPK+ im Mitfall = Kosten	93.540	68.289
Kosten-Nutzen-Verhältnis	0,68	1,01

Tabelle 40: Kosten-Nutzen-Indikatoren in den Mitfällen (Sensitivitätsbetracht. Leistung)

Die Nutzwerte verteilen sich daher folgendermaßen:

Sensitivitätsbetrachtung Verteilung der Nutzwerte		
	Mitfall 1	Mitfall 2
	Nutzwerte in [T€/Jahr]	
EIU	22.335	17.401
EVU	- 35.228	-24.918
Volkswirtschaftlich	76.206	76.206
Summe	63.312	68.689

Tabelle 41: Nutzwertverteilung (Sensitivitätsbetrachtung Leistung)

Insgesamt ist die Einführung der MPK+ auch unter der Annahme einer Transportleistungserhöhung von 17,5 % im Jahr 2030 noch zu empfehlen.

6.7.2 Personalkosten

Geht man davon aus, dass die EVU keinerlei Personalkosten einsparen können, so können folgende Werte berechnet werden:

Kosten-Nutzen-Analyse

Sensitivitätsbetrachtung Kosten-Nutzen-Verhältnis der Mitfälle		
	Mitfall 1	Mitfall 2
	[T€/Jahr]	
Nutzen	102.222	107.599
Kapitaldienst für die MPK+ im Mitfall = Kosten	93.540	68.289
Kosten-Nutzen-Verhältnis	1,09	1,58

Tabelle 42: Kosten-Nutzen-Indikatoren in den Mitfällen (Sensitivitätsbetracht. Personal)

Es zeigt sich, dass der Kosten-Nutzen-Indikator in beiden Szenarien auf einen stabilen Wert deutlich über 1 bleibt. Es ist weiterhin möglich, die negativen Nutzen, die den EIU entstehen, durch die positiven Nutzwerte der volkswirtschaftlichen Seite auszugleichen.

Sensitivitätsbetrachtung Verteilung der Nutzwerte		
	Mitfall 1	Mitfall 2
	Nutzwerte in [T€/Jahr]	
EIU	22.335	17.401
EVU	- 72.228	-61.918
Volkswirtschaftlich	152.116	152.116
Summe	102.222	107.599

Tabelle 43: Nutzwertverteilung (Sensitivitätsbetrachtung Personal)

6.7.3 Investitions- und Umrüstungskosten der MPK+

Bei den angesetzten Investitionskosten und Umrüstkosten von 3.500 Euro bzw. 1.200 Euro pro Kupplung bzw. insgesamt pro Wagen 9.400 Euro (Preisstand 2013), die deutlich über den in bisherigen wissenschaftlichen Untersuchungen angesetzten Werten liegen, um zur Sicheren Seite hin die höhere Anzahl der in der MPK+ vorzusehenden Leitungen zu berücksichtigen, können die Investitions- bzw. Umrüstkosten auf 5.000 Euro bzw. 2.500 Euro pro Kupplung, gesamt also 15.000 Euro pro umzurüstendem Fahrzeug, steigen, um immer noch in einem Szenario einen positiven Kosten-Nutzen-Indikator zu erzielen, wie folgende tabellarischen Übersichten zeigen:

Sensitivitätsbetrachtung Kosten-Nutzen-Verhältnis der Mitfälle		
	Mitfall 1	Mitfall 2
	[T€/Jahr]	
Nutzen	112.474	117.851
Kapitaldienst für die MPK+ im Mitfall = Kosten	149.267	108.971
Kosten-Nutzen-Verhältnis	0,75	1,08

Tabelle 44: Kosten-Nutzen-Indikatoren in den Mitfällen (Sensitivitätsbetrachtung Kosten)

Sensitivitätsbetrachtung Verteilung der Nutzwerte		
	Mitfall 1	Mitfall 2
	Nutzwerte in [T€ pro Jahr]	
EIU	22.335	17.401
EVU	-61.976	-51.666
Volkswirtschaftlich	152.116	152.116
Summe	112.474	117.851

Tabelle 45: Nutzwertverteilung (Sensitivitätsbetrachtung Kosten)

6.7.4 Infrastrukturkosten

Die in diesem Bericht ausgewiesenen Investitionen in Infrastruktur von einer Mrd. Euro im Ohnefall und zwei Mrd. Euro in den Mitfällen sind zur sicheren Seite hin gerundete Werte, die insbesondere in den Mitfällen einen großen Spielraum für Anpassungen der Längen der Ausweich- und Überholgleise bieten. Folgende Sensitivitätsbetrachtung zeigt, dass die Bewertung der MPK+ im Szenario 2 weiterhin über dem Wert von 1 bleibt, wenn die Investitionen für den Ohnefall auf Null gesetzt werden, d.

h. angenommen wird, dass mit der aktuellen Infrastruktur, allerdings zukünftiger Leit- und Sicherheitstechnik die für den Prognosehorizont 2030 prognostizierte Transportmenge von 153.700 tkm pro Jahr erbracht werden kann – dies entspricht einer Steigerung von 43 % - sowie zusätzlich die Investitionen in die Infrastruktur der Mitfälle insgesamt rund fünf Mrd. Euro betragen.

Sensitivitätsbetrachtung Kosten-Nutzen-Verhältnis der Mitfälle		
	Mitfall 1	Mitfall 2
	[T€/Jahr]	
Nutzen	58.535	68.182
Kapitaldienst für die MPK+ im Mitfall = Kosten	93.540	68.289
Kosten-Nutzen-Verhältnis	0,63	1,00

Tabelle 46: Kosten-Nutzen-Indikatoren in den Mitfällen (Sensitivitätsbetrachtung Kosten)

Sensitivitätsbetrachtung Verteilung der Nutzwerte		
	Mitfall 1	Mitfall 2
	Nutzwerte in [T€ pro Jahr]	
EIU	-58.353	-59.016
EVU	-35.228	-24.918
Volkswirtschaftlich	152.116	152.116
Summe	58.535	68.182

Tabelle 47: Nutzwertverteilung (Sensitivitätsbetrachtung Kosten)

6.7.5 Fazit Sensitivitätsbetrachtung

Bei den in der Sensitivitätsbetrachtung näher untersuchten wichtigen Kosten- und Nutzen zeigt sich, dass nur hohe Variationen zur negativen Seiten der angesetzten Werte dazu führen, dass der Kosten-Nutzen-Indikator unter den Wert von 1 sinkt. Die zur sicheren Seite hin getroffenen Annahmen und berechneten Werte zeigen erhebliche Reserven, die das Nutzenpotential der MPK+ aufzeigen und einen positiven Kosten-Nutzen-Indikator unter ungünstigen Voraussetzungen erwarten lassen.

7 Zusammenfassung und Fazit

Die Einführung eines modernen Kupplungssystems im Schienengüterverkehr lässt in Europa ist schon seit vielen Jahren auf sich warten. Während in großen Teilen der Erde schon seit über hundert Jahren Mittelpufferkupplungssysteme zuverlässig im Einsatz sind, konnte in Europa die Schraubenkupplung im Jahr 2011 auf 150 Jahre Einsatz zurückblicken. Während dieser Zeit habt sich das Umfeld in vielen Bereichen weiterentwickelt oder vollkommen verändert, z. B. erlebte die Schraubenkupplung die Entwicklung der Stellwerkstechnik, der Zugbeeinflussung, verschiedene Traktionsarten, erhebliche steigende Anhängelasten und vieles andere. Angesichts des in Europa seit rund 50 Jahren zurückgehenden Modal Split Anteils des Schienenverkehrs, insbesondere des Schienengüterverkehrs, sind Maßnahmen zur Beschleunigung und Modernisierung des Schienenverkehrs notwendig.

Mit der Einführung der beschriebenen MPK+ würden die bislang in Kauf genommenen Nachteile in Vorteile umgewandelt: Die bekannten Kupplungssysteme (Janney, SA-3, C-AKv) sind nicht in der Lage, alle für den modernen Zugbetrieb notwendigen Leitungen aufzunehmen und zu kuppeln (Hauptluftleitung, Hauptluftbehälterleitung, elektrische Versorgung, Datenübertragung).

Im Zuge der Modernisierung und Vereinheitlichung europäischer Zugbeeinflussungssysteme bietet sich in den kommenden Jahren eine große Chance zur Einführung eines Mittelpufferkupplungssystems, denn in der modernsten Ausbaustufe setzt das europäische Zugbeeinflussungssystem ETCS-Level 3 eine zuginterne Zugintegritätsüberwachung voraus. Eine solche Überwachung wäre im Personenverkehr durch die UIC-Leitung möglich, erfordert bei Schraubenkupplungen jedoch jeweils einen zusätzlichen manuellen Kuppelvorgang der UIC-Leitung zwischen den einzelnen Wagen.. Im Güterverkehr ist diese Überwachung bisher nicht möglich. Die MPK+, eine Mittelpufferkupplung mit elektrischer Versorgung und Datenverbindung, fügt den Vorteilen einer Mittelpufferkupplung mit der Möglichkeit der Zugintegritätsüberwachung einen weiteren Vorteil hinzu.

Nach der Darstellung der Anforderungen und der anschließenden Erarbeitung der Grundlagen für einen Sicherheitsnachweis, bestehend aus einem Risikobewertungsverfahren nach CSM-RA, dem Entwurf einer Systemdefinition und einer vereinfachten Risikoanalyse, zeigt die durchgeführte wirtschaftliche Betrachtung, dass die Nutzwerte die Kosten deutlich übersteigen.

Der Ansatz der jüngsten Untersuchung zum Thema Mittelpufferkupplung [Stuhr2013] ist der, Teilbereiche des Güterverkehrs isoliert zu betrachten und dann für jeden einzelnen Bereich Nutzen und potentielle Widerstände zu ermitteln – dies bringt den Nachteil mit sich, dass viele Ganzzugverkehre betrachtet werden, in denen der Nutzen einer automatischen Kupplung hauptsächlich auf die höheren Zugkräfte beschränkt ist. Im Ergebnis schneiden daher automatische Kupplungssysteme nicht besonders gut ab, da wichtige Bereiche, in denen Nutzwerte entstehen, ausgeblendet werden. So sind automatische Kuppelvorgänge im Ganzzugverkehr von untergeordneter Bedeutung im Gegensatz zum Einzelwagenladungsverkehr, der - trotz Rückganges in den letzten 50 Jahren – immer noch rund 30 % am Schienengüterverkehr beträgt. Der vorliegende Bericht verfolgt daher eine andere Herangehensweise, nämlich von vornherein von einer Umrüstung des gesamten Fahrzeugbestandes in Deutschland auszugehen, um Insellösungen zu vermeiden und Nutzwerte einer automatischen Mittelpufferkupplung vollumfänglich zu erfassen. Darüber hinaus werden die Innovationschancen, die eine mit einer elektrischen Datenleitung ausgerüstete Mittelpufferkupplung für EIU und EVU im Hinblick auf das europäische Zugbeeinflussungssystem ETCS-Level 3 bietet, erfasst.

Die an die Standardisierte Bewertung angelehnte Kosten-Nutzen-Analyse zeigt für zwei unterschiedlich lange Migrationsszenarien auf Grundlage der gewählten Kriterien einen deutlichen betriebs- und volkswirtschaftlichen Nutzen auf. Aufgrund dieser Beurteilung wird die Einführung der MPK+ uneingeschränkt empfohlen.

8 Literaturverzeichnis

[AAR-S-4200]
Standard S-4210: *Electronically Controlled Pneumatic (ECP) Cable-Based Brake Systems – Performance Requirements,* .Association of American Railways, 2011.

[AAR-S-4230]
Standard S-4230: Intratrain Communication Specification For Cable-Based Freight Train Control Systems, Association of American Railways, 2011.

[Amphenol2010]
Amphenol Socapex: Expanded Beam Fiber Optic solutions, 2010.

[Bechmann1978]
Bechmann, Arnim: Nutzwertanalyse, Bewertungstheorie und Planung, Paul Haupt Verlag, 1978.

[BMFB2003]
Bundesministerium für Forschung und Bildung: Die moderne europäische Güterbahn der Zukunft, Studie zur Leitvision "Europäischer Schienengüterverkehr 2010, Vorhaben 19G2028B, http://edok01.tib.uni-hannover.de/edoks/e01fb04/468516298.pdf, 2003.

[BMJV1969a]
Bundesministeriums der Justiz und für Verbraucherschutz: Gesetz über die Grundsätze des Haushaltsrechts des Bundes und der Länder (Haushaltsgrundsätzegesetz - HGrG), zuletzt geändert durch Art. 1 G v. 15.7.2013, http://www.gesetze-im-internet.de/bundesrecht/hgrg/gesamt.pdf, 1969.

[BMJV1969b]
Bundesministeriums der Justiz und für Verbraucherschutz: Bundeshaushaltsordnung (BHO), zuletzt geändert durch Art. 2 G v. 15.7.2013, http://www.gesetze-im-internet.de/bundesrecht/bho/gesamt.pdf, 1969.

Literaturverzeichnis

[BMVBS2006]
ITP Intraplan Consult GmbH: *Standardisierte Bewertung von Verkehrswegeinvestitionen des öffentlichen Personennahverkehrs: Version 2006*, ITP Intraplan Consult GmbH, 2006.

[BMVBW2003]
Bundesministerium für Verkehr, Bau- und Wohnungswesen: *Strategien zur Erschließung der Marktpotenziale der Eisenbahnen – Technische und wirtschaftliche Potentiale sowie Risiken neuer Technologien im Eisenbahngüterverkehr*, BMVBW, 2003.

[BMVI2014]
Bundesministeriums für Verkehr und digitale Infrastruktur: *Einzelwagenverkehr im Schienengüterverkehr*, http://www.forschungsinformationssystem.de/servlet/is/9249/, 2014.

[BMVI2015]
Bundesministeriums für Verkehr und digitale Infrastruktur: *Einsatz von Entgleisungsdetektoren im Schienengüterverkehr*, http://www.forschungsinformationssystem.de/servlet/is/66964/, 2015.

[BMVIT2011]
Bundesministerium für Verkehr, Innovation und Technologie: *Verkehr in Zahlen – Österreich 2011*, http://www.bmvit.gv.at/verkehr/gesamtverkehr/statistik/downloads/viz_2011_gesamtbericht_227061.pdf, 2011.

[Bosse2014]
Bosse, Gunnar: *Common Safety Methods - Teil 2. Grundbegriffe für Sicherheits- und Risikobetrachtungen*. Deine Bahn (3), 2014.

[Bruckmann2014]
Bruckmann; D.; Fumasoli, T.; Mancera, A.: *Innovationen im alpenquerenden Güterverkehr*; http://www.news.admin.ch/NSBSubscriber/message/attachments/37727.pdf, im Auftrag des Bundesamtes für Verkehr, 2014.

[Burri2003]

Burri, Monika; Elsasser, Kilian T., Gugerli, David: *Interferenzen – Studien zur Kulturgeschichte der Technik*, Chronos-Verlag, 2003.

[Chatterjee1999]

Chatterjee, Barun; Bensch, Jörg: *Steigerung der Sicherheit im Eisenbahn-Güterverkehr bei Einsatz der vereinfachten kompakten automatischen Mittelpufferkupplung*. ZEV-Glasers Annalen, Band 123, 1999.

[Chatterjee2002]

Chatterjee, Barun; Hetterscheidt, Bernd; Bensch, Jörg: *Die SAB WABCO C-AKv-Güterwagenkupplung bei der SNCF*, ETR-Eisenbahntechnische Rundschau 51 (4), 2002.

[Deutsche Bahn AG2010]

Deutsche Bahn AG: *Verbundprojekt GZ 1000, Mehr Verkehr auf die Schiene – Wirtschaftlicher Betrieb mit Güterzügen bis 1.000 m, Schlussbericht – Langfassung*, http://edok01.tib.uni-hannover.de/edoks/e01fb11/665339445.pdf, 2010.

[DB Netz AG2014]

DB Netz AG: *ETCS bei der DB Netz AG*, http://fahrweg.dbnetze.com/file/fahrweg-de/2394456/DswqBNk9wc3diWpw_3k0EFLIfh4/7263212/data/etcsbroschuere_2014.pdf, 2014.

[DB Netz AG2014a]

DB Netz AG: *Das Trassenpreissystem bei der DB Netz AG, gültig vom 14. Dezember 2014 bis 12. Dezember 2015*, http://fahrweg.dbnetze.com/file/fahrweg-de/2394448/PgN-C1VhKqtSmkupR5LIpI0hDU/2559012/data/tpsbroschuere2015.pdf, 2015.

[DeineBahn2004]

Deine Bahn: *Automatische Mittelpufferkupplung – Scharfenberg-Kupplung*, Deine Bahn (2), 2004.

[Dellner2014]
Dellner: *World Leader in Train Connection Systems*,
http://www.dellner.se/Document/Webb%20PDF/Couplers.pdf, 2014.

[Die Welt2014]
Die Welt: Minister Dobrindt hat viele Zahlen und wenig Plan, http://www.welt.de/politik/deutschland/article128974247/Minister-Dobrindt-hat-viele-Zahlen-und-wenig-Plan.html, 2014.

[DIN EN 16019]
DIN EN 16019, DIN Deutsches Institut für Normung e. V; Normenausschuss Fahrweg und Schienenfahrzeug: *Bahnanwendungen – Automatische Kupplung – Leistungsanforderungen, spezifische Schnittstellengeometrie und Prüfverfahren*, 2013.

[DIN EN 50126]
DIN EN 50126, DIN Deutsches Institut für Normung e. V und VDE Verband der Elektrotechnik Elektronik Informationstechnik e.V.: *Bahnanwendungen – Spezifikation und Nachweis der Zuverlässigkeit, Verfügbarkeit, Instandhaltbarkeit, Sicherheit (RAMS)*. Deutsche Fassung EN 50126:1999, 1999.

[DIN EN 50126neu]
DIN EN 50126neu, DIN Deutsches Institut für Normung e. V und VDE Verband der Elektrotechnik Elektronik Informationstechnik e.V.: *Bahnanwendungen – Spezifikation und Nachweis der Zuverlässigkeit, Verfügbarkeit, Instandhaltbarkeit, Sicherheit (RAMS)*. Entwurf Überarbeitung, Stand 2014.

[DIN EN 50129]
DIN EN 50129, DIN Deutsches Institut für Normung e. V und VDE Verband der Elektrotechnik Elektronik Informationstechnik e.V: *Bahnanwendungen – Telekommunikationstechnik, Signaltechnik und Datenverarbeitungssysteme – Sicherheitsrelevante elektronische Systeme für Signaltechnik*, Deutsche Fassung EN 50129:2003, 2003.

[DIN VDE V 0831-103]
DIN VDE V 0831-103, DIN Deutsches Institut für Normung e. V und VDE Verband der Elektrotechnik Elektronik Informationstechnik e.V.: *Elektrische Bahnsignalanla-*

gen - Teil 103: Ermittlung von Sicherheitsanforderungen an technische Funktionen in der Eisenbahnsignaltechnik, 2014.

[Duagon]

Duagon AG: D212 MVB-OGF Star Coupler, http://www.duagon.com/en/products/productdetails/productfamily/d212/pf/show/

[Dvoracek2001]

Dvoracek, Vaclav: *Neue Lokomotiven für die Erzbahn Lulea – Kiruna – Narvik*, ERI-Eisenbahn-Revue International (3), 2001.

[Eberlein2013]

Eberlein, Dieter; Kutza, Christian; Labs, Jürgen; Matzke, Christina: *Lichtwellenleiter-Technik*, Expert Verlag, 2013.

[ERI2014]

Eisenbahn-Revue International: *Bremsproben: EUB empfiehlt Vier-Augen-Prinzip*, Minirex Verlag, 2014.

[Eisenbahnmagazin2015]

Eisenbahnmagazin: *Ellok-Baureihe 151 der DB*, Eisenbahnmagazin (1), Alba Verlag, 2015.

[ETCS2014]

European Train Control System (ETCS) bei der DB Netz AG, http://www.db-

[EU-Kommission2009]

Europäische Kommission: *Verordnung EG Nr. 352/2009 über die Festlegung einer gemeinsamen Sicherheitsmethode für die Evaluierung und Bewertung von Risiken*, Amtsblatt der Europäischen Union, 2009.

[FaiveleyTransport2014]

[Geisler2012]

Geisler, Marc; Halbekath, Jürgen: *Ein Modell zur Signifikanzentscheidung nach CSM-RA bei technischen, betrieblichen und organisatorischen Änderungen*, Safety in

Transportation Braunschweig. http://rzv113.rz.tu-bs.de/SiT_SafetyinTransportation/SiT_2012/geisler.pdf, 2012.

[Hanusch1994]
Hanusch, Horst; Kuhn, Thomas; Cantner, Uwe: *Nutzen-Kosten-Analyse,* Vahlen Verlag, 1994.

[Hecht]
Hecht, M.; Rieckenberg, Th.: *Telematik im Schienengüterverkehr -Anwendung bei Gefahrguttransporten.* https://www.schienenfzg.tu-berlin.de/fileadmin/fg62/pdf/veroeffentlichung_gl.pdf

[IEEE802.3at]
IEEE Std 802.3at, IEEE 802.3 Working Group: *Telecommunications and information exchange between systems-Local and metropolitan area networks-Specific requirements-Part 3, Carrier Sense Multiple Access with Collision Detection (CSMA/CD) Access Method and Physical Layer Specifications-Amendment:* Data Terminal Equipment (DTE)-Power via Media Dependent Interface (MDI) Enhancements, 2009.

[IEEE802.11]
IEEE Std 802.11-1999: *Wireless LAN Medium Access Control (MAC) and Physical Layer (PHY) specification.* Wireless LAN Medium Access Control (MAC) and Physical Layer (PHY) specification, IEEE Computer Society LAN MAN Standards Committee, 1999.

[ISO11992-1-2003]
ISO 11992-1: *Road vehicles Interchange of digital information on electrical connections between towing and towed vehicles Part 1,* Physical and data-link layers, 2003.

[ISO14908-1-2012]
ISO 14908-1: *Information technology - Control network protocol - Part 1:Protocol stack.*2012.

[ISO14908-3-2012]
ISO 14908-3: Information technology - Control network protocol - Part 3: Power line channel specification.2012.

[Janicki2008]
Janicki, Jürgen; Reinhard, Horst : *Schienenfahrzeugtechnik,* BFV - Bahn Fachverlag (DB-Fachbuch), Seite 366. 2008.

[KCWGmbH2012]
[KIT2013]
Karlsruhe Institute of Technology: *Energieversorgung über Glasfasern – eine ausfallsichere Lösung zur Energieversorgung von elektrisch betriebenen Sensornetzwerken.* 2013.

[Klaus2003]
Klaus, Sebastian; Nitze, Martin: *Nutzwertanalyse. Hausarbeit für die Vorlesung "Systemplanung I".* SS 2003, 2014.

[Kuther2011]
Kuther, Margit: *Moderne Lichtwellenleiter nehmen auch engste Kurven,* Elektonik Praxis,
http://www.elektronikpraxis.vogel.de/themen/bauteilebeschaffung/bauteileeinkauf/articles/315968/

[König2014]
König, Rainer; Hecht, Markus: *Technischer Innovationskreis Schienengüterverkehr,* Weissbuch Innovativer Eisenbahngüterwagen 2030, 2014.

[Lämmli2010]
Lämmli, Bruno: *Kupplungen sind wichtig,*
http://www.lokifahrer.ch/Lukmanier/Kupplungen.htm, 2010.

[Mahasukhon2011]
Mahasukhon, P.; Sharif, H.; Hempel, M.; Ting Zhou; Tao Ma; Shrestha, P. L.: *A study on energy efficient multi-tier multi-hop wireless sensor networks for freight-train moni-*

toring, Wireless Communications and Mobile Computing Conference (IWCMC), 2011.

[Martin2005]
Martin, Ullrich: *Strategien zur Erschließung der Marktpotentiale der Eisenbahn*, Vortrag Berlin, 2005.

[Martin2014]
Martin, Ullrich; Tritschler, Stefan; Cui, Yong: *Standardisierte Bewertung für Straßenbahnmaßnahmen in China*, im Auftrag der Shaghai Youde Energy-Saving Tech. Development Co. Ltd, 2014.

[Paus2005]
Paus, Karl-Heinz: *Einführung von LWL-Technik in einem Braunkohlentagebau*. GMM-Fachbericht-Optische und elektronische Verbindungstechnik 2005,VDE VERLAG GmbH, 2005.

[Railion Deutschland AG2008]
Railion Deutschland AG: *Projekt Intelligenter Güterwagen*, http://www.eurailtelematics.com/fileadmin/user_upload/eurailtelematics.com/Vortraege08/WilWi_dt.pdf, 2008.

[Rasmussen1983]
Rasmussen, J.: *Skills, rules, knowledge; signals, signs, and symbols, and other distinctions in human performance models*. IEEE Transactions on Systems, Man and Cybernetics, Band 13, 1983.

[Reif2011]
Reif, Konrad: *Bosch Autoelektrik und Autoelektronik: Bordnetze, Sensoren und elektronische Systeme*. Seite 95. Springer-Verlag, 2011.

[Rieckenberg2004]
Rieckenberg, Thomas: *Telematik im Schienengüterverkehr - ein konzeptionelltechnischer Beitrag zur Steigerung der Sicherheit und Effektivität*, http://opus4.kobv.de/opus4-

tuberlin/frontdoor/deliver/index/docId/879/file/rieckenberg_thomas.pdf, Dissertation TU Berlin, 2004.

[Salin1966]
Salin, Edgar: *Die automatische Mittelpufferkupplung: technischer Fortschritt als finanz- und wirtschaftspolitisches Problem mit Kostenschätzungen für 8 europäische Länder,* Kyklos Verlag, 1966.

[Schmidt1965]
Schmidt, Erich: *Der Weg zur europäischen selbsttätigen Mittelpufferkupplung.* ZEV-Glasers Annalen 89 (10), 1965.

[Seibt2010]
Seibt, Reiner: *Die (bisherige) Geschichte der automatischen Kupplung,* http://wirtschaftssenioren.ba-bautzen.de/amk/f-geschichte.htm, 2010.

[SIRF 400]
EBA; VDB; VDV; DB AG (Hg.) (2012):*Sicherheitsrichtlinie Fahrzeug. Modul 400 – Ausführungsbestimmungen,* http://www.eba.bund.de/SharedDocs/Publikationen/DE/Fahrzeuge/Fahrzeugtechnik/Funktionale_Sicherheit/31_SIRF_400.pdf?__blob=publicationFile&v=1, 2014.

[Statistisches Bundesamt2014]
Statistisches Bundesamt: *Verkehrsleistung - Güterbeförderung,* https://www.destatis.de/DE/ZahlenFakten/Wirtschaftsbereiche/TransportVerkehr/GueterverkGue/Tabellen/Gueterbefoerderung.html, 2014.

[Stuhr2013]
Stuhr, Helge Johannes: *Untersuchung von Einsatzszenarien einer automatischen Mittelpufferkupplung,* Dissertation TU Berlin, 2013.

[Sünderhauf2009]
Sünderhauf, Bernd: *Die Automatische Mittelpufferkupplung (AK) - Kosten-Nutzen-Analyse,* Altaplan Leasing GmbH, http://www.automatische-mittelpufferkupplung.de/, 2009.

[Sünderhauf2011]

Prof. Dr. Sünderhauf, Bernhard: *Die automatische Mittelpufferkupplung*, https://www.wko.at/Content.Node/branchen/oe/Veranstaltungen-und-Publikationen/vortrag180511.pdf, 2011.

[TeSiP2012]

EBA; VDB; VDV; DB AG (Hg.) (2012):*Sicherheitsrichtlinie Fahrzeug. Technischer Sicherheitsplan (TeSiP).*
http://www.eba.bund.de/DE/HauptNavi/FahrzeugeBetrieb/Fahrzeuge/Fahrzeugtechnik/funktionaleSicherheit/funktionale_Sicherheit_node.html;jsessionid=B79ED18E2F5430F33984C61C6862F686.live2051, 2014.

[Thomesse2005]

Thomesse, J.-P.: *Fieldbus Technology in Industrial Automation – Proceedings of the IEEE*, Band 93, S. 1073-1101, 2005.

[TSI2006]

Entscheidung 2006/861/EG über die technische Spezifikation für die Interoperabilität (TSI) zum Teilsystem „Fahrzeuge – Güterwagen" des konventionellen transeuropäischen Bahnsystems (13), 2006.

[UNISIG SUBSET-026]

ERA; UNISIG (Hg.): *ISSUE 3.3.0. System Requirements Specification, Chapter 3 Principles.*SUBSET-026-3: http://www.era.europa.eu/Document-Register/Pages/New-Annex-A-for-ETCS-Baseline-3-and-GSM-R-Baseline-0.aspx, 2014.

[Valiente2011]

Valiente, Antonio; Rivas, Mar: *FERRMED Freight Locomotive Concept,* http://media.firabcn.es/content/S088011/Presentacions/1_salaA/Mar_%20Rivas_Antonio_valiente_presen.pdf, 2011.

[Voith2012]
Voith: *Verbinden und Schützen. Kupplungs- und Frontendsysteme,* http://resource.voith.com/vt/publications/downloads/1994_d_vts_212836_verbinden_u_schuetzen_280x210_rz_de_screen.pdf, *2012.*

[Wagner1997]
Wagner, Matthias; Fasking, Heinrich: *Mittelpufferkupplungen und neue Stoßeinrichtungen bei der DB AG, Eisenbahn Ingenieur Kalender,* Eurailpress, 1997.

[Zangemeister1976]
Zangemeister, Christof: *Nutzwertanalyse in der Systemtechnik – Eine Methodik zur multidimensionalen Bewertung und Auswahl von Projektalternativen,* Wittemann Verlag, München, 1976.

[Zwehl1981]
Von Zwehl, Wolfgang; Schmidt-Ewig, Wolfgang: *Wirtschaftlichkeitsrechnung bei öffentlichen Investitionen.* Gabler Verlag, Wiesbaden, 1981.

Anhang A – Abbildungen

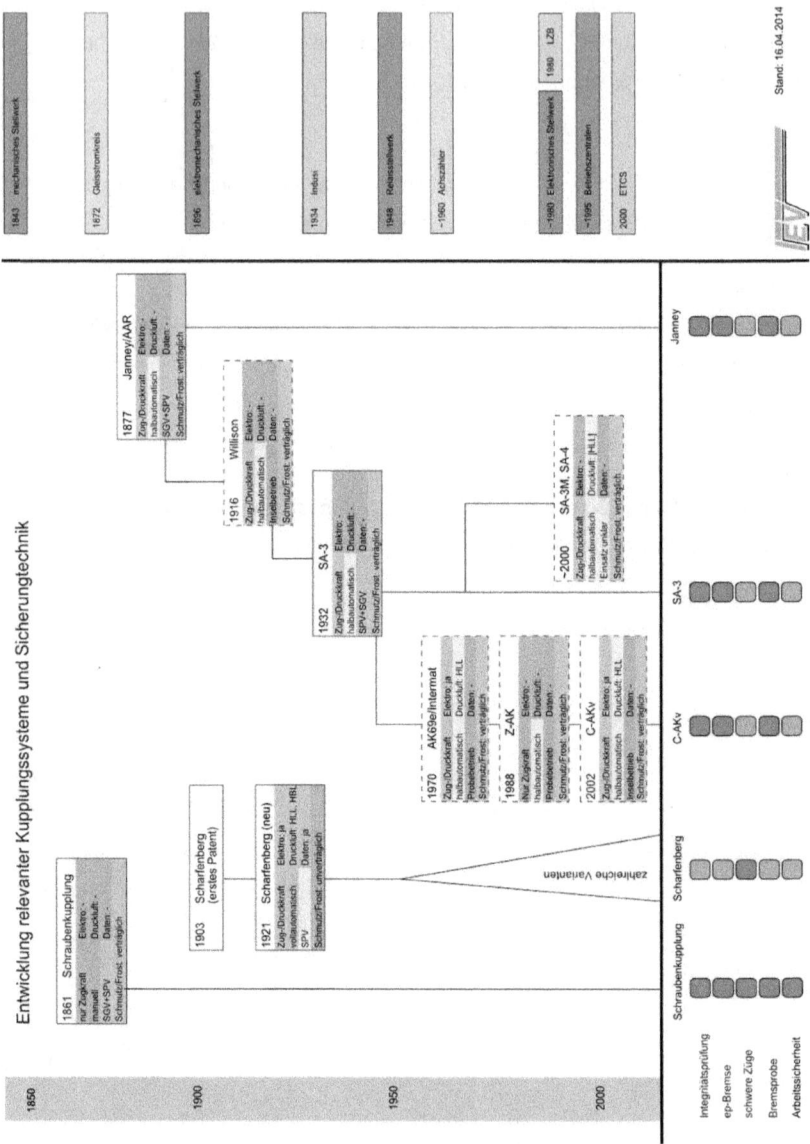

Abbildung 30: Entwicklung relevanter Kupplungssysteme und Sicherungstechnik

Anhang

Legende zu Entwicklung relevanter Kupplungssysteme und Sicherungstechnik

Funktionsbeschreibung

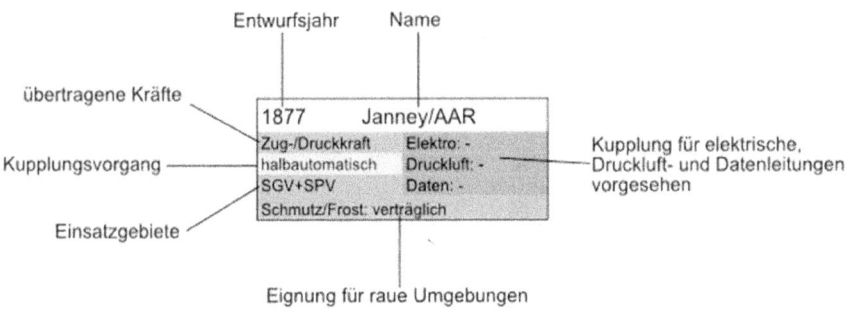

Farbkodierung

Besitzt alle Funktionen
Besitzt einen Teil der Funktionen   ... einer "idealen" Kupplung
Besitzt keine der Funktionen

Abbildung 31: Legende zu relevanten Kupplungssysteme und Sicherungstechnik

Anhang

Anhang B – Arbeitsblatt TeSiP (Vorschlag)

Text in rot: Ergänzte Fahrzeugfunktionen

TESIP FUNKTIONSLISTE

Hauptfunktion	Teilfunktion	lfd. Nr.	Fahrzeugfunktionen		Sicherheitsanforderung		Beispiele	Teilgefähr. Nr.	Systemgefährdung
			Funktion (DIN 25002-5)	Erläuterung der Funktion	Sichere Gewährleistung von…	Gefährdung ist gegeben, wenn…	Typische Themen / ELEMENTE		Primäre Gefährdung
K	Fahrzeug übergeordnet leiten								
K		11	Automatisches Bereitstellen von Fahrzeuginformationen – hier: Fahrzeuglänge	automatische Übermittlung der Fahrzeuglänge eines Fahrzeuges im Zugverband im Rahmen der Zugtaufe vom Fahrzeugdatengerät (Vehicle Information Device) zum Zugspitzengerät (Head End Device)	der Bereitstellung der korrekten Fahrzeuglänge	mindestens von einem Fahrzeug im Zugverband eine geringere als die tatsächliche Fahrzeuglänge an das Zugspitzengerät übermittelt wird.	–	9e	Übermittelte Fahrzeuglänge geringer als tatsächliche
K		12	Zuginterne Zugintegritätsüberwachung	Erkennen einer Veränderung in der Zugzusammensetzung mit anschließender Durchführung einer neuen Zugtaufe sowie Übermittlung der neuen Zuglänge an die dafür vorgesehene Einrichtung des Leit- und Sicherungssystems (z.B. ETCS-Fahrzeugeinrichtung)	der Übereinstimmung der vom Leit- und Sicherungssystem (z.B. ETCS) verwendeten Zuglänge mit der aktuellen tatsächlichen Zuglänge.	die bei der Zugtaufe ermittelte Zuglänge geringer als die tatsächliche ist, die Beistellung eines neuen Fahrzeuges oder einer neuen Fahrzeuggruppe im Zugverband nicht erkannt wird oder eine Zugtrennung nicht erkannt wird.	–	9g	Nichterkennung einer Veränderung der Zugzusammensetzung

Abbildung 32: *Arbeitsblatt TeSiP Teil 1 (Vorschlag)*

Anhang

Text in rot: Ergänzte Fahrzeugfunktionen

TESIP FUNKTIONSLISTE

		Gefährdungseinstufung						Validation Decider
Scha- den - Anzahl	Scha- den - Verletzu ngs- grad S_V	Eintritts- wahr- schein- lichkeit W	Expo- sition s-zeit E	Ver- meid ung V	I	Sicherheits- anforderung sstufe (SAS)	Gefährdungseinstufung für relevante Bemerkung	Bemerkung	(anerkannte Regeln der Technik sind in ihrer Anwendbarkeit und Anwendungs- A = anerkannte Regel der Technik E = explizite Risikoanalyse R = Referenzsystem _ = kein Nachweis erforderlich
S_A									
8,0	9,0 Viele (> 10 Person en)	Tote 1,0	Niedrig 1,3	Lang 1,0	Nicht mögli ch	93,60	3	zu W: Eintritt des schadens-verursachenden Vorgangs nach Funktionsversagen wird nahezu ausgeschlossen, da dann im Regelfall durch die Zugtaufe eine Abweichung von der Soll-Zuglänge festgestellt wird und der Tf zur manuellen Entsetzung der Zugtaufe führt nicht zwangsläufig zum Eintritt des Schadensausmaßes.	Für die Aufteilung der Sicherheits-verantwortung siehe Gefährdungs-baum gemäß Anlage zur SIRF.	E
8,0	9,0 Viele (> 10 Person en)	Tote 1,7	Mittel 1,3	Lang 1,0	Nicht mögli ch	159,12	4	zu W: Funktionsversagen kann durch den Tf auch auf anderem Wege festgestellt werden, so dass rechtzeitig Maßnahmen ergriffen werden können, die den Eintritt des	Für die Aufteilung der Sicherheits-verantwortung siehe Gefährdungs-baum gemäß Anlage zur SIRF.	E

Umfassende Einführung der Mittelpufferkuppelung

Abbildung 33: Arbeitsblatt TeSiP Teil 2 (Vorschlag)

Anhang C – Arbeitsblatt Systemgefährdungen (Vorschlag)

Text in rot: Ergänzte Systemgefährdungen

Systemgefährdung	Nr. Teilgefährdung	Beschreibung der Systemgefährdungen	Lok	Triebzug	Reisezugwagen	Güterwagen
1		**Kontrolle über Zugbewegung vermindert oder nicht gegeben**				
	1a	Fahrzeug setzt sich ungewollt durch Aufschalten von Traktion in Bewegung	x	x		
	1b	Fahrzeug fährt in falsche Richtung	x	x		
	1c	Unbemerkt zu hohe Geschwindigkeit,	x	x		
	1d	Ausfall Tf wird nicht erkannt	x	x		
	1e	Ergonomie des Führerstands unzureichend / Unzureichende Sicht Tf	x	x	x	
2		**Bremsung des Fahrzeugs unzeitig, vermindert oder nicht gegeben**				
	2a	Bremskraft vermindert oder nicht gegeben	x	x	x	x
	2b	Unzeitige Bremskraft (ungewollt unerkannt anliegende Bremse)	x	x	x	x
	2c	Fahrgast-Notbremsanforderung versagt	x	x	x	
3		**Spurführung nicht ausreichend**				
	3a	Spurführung versagt, Entgleisung	x	x	x	x
4		**Gefährdung bei Ein- und Ausstieg**				
	4a	Gefährdung von Personen im Ein- bzw. Ausstiegbereich im Stillstand	x	x	x	
	4b	Gefährdung von Personen im Ein- bzw. Ausstiegsbereich während der Fahrt	x	x	x	
	4c	Gefährdung beim Ein- u. Ausstieg von Personal	x	x	x	x
	4d	Gefährdung durch Einklemmen	x	x		
5		**Entzündung / Brand / Rauchentwicklung**				
	5a	Brandgefährdung, Rauchentwicklung	x	x	x	x
6		**Explosionsgefährdung**				
	6a	Explosion, Bersten von Geräten/ Komponenten (Druck, umherfliegende Teile, Splitterwirkung, austretende Gase oder Flüssigkeiten..)	x	x	x	x
7		**Verletzung des Fahrzeugumgrenzungsprofils**				
	7a	Verletzung des Fahrzeugumgrenzungsprofils durch den Wagenkasten	x	x	x	x
	7b	Verletzung des Fahrzeugumgrenzungsprofils durch bewegliche Anbauteile (Spiegel, Klappen, Einschübe, Stromabnehmer)	x	x	x	x
	7c	Verletzung des Fahrzeugumgrenzungsprofils durch Fahrwerkschaden (Federn, Dämpfer)	x	x	x	x
	7d	Verletzung des Fahrzeugumgrenzungsprofils durch Steuerungen (Neigetechnik)	x	x		
8		**Störungen durch elektrische Wechselwirkungen mit anderen Anlagen und Fahrzeugen**				
	8a	Fahrzeug verursacht Störungen von externen Anlagen (z.B. Signalanlagen, Sicherheitseinrichtungen, andere Fahrzeuge)	x	x	x	
	8b	Störung von sicherheitsrelevanten Funktionen innerhalb des Fahrzeuges durch Störstrahlung	x	x	x	

Abbildung 34: Arbeitsblatt Systemgefährdungen Teil 1 (Vorschlag)

Anhang

Text in rot: Ergänzte Systemgefährdungen

Systemgefährdung	Nr. Teilgefährdung	Beschreibung der Systemgefährdungen	Lok	Triebzug	Reisezugwagen	Güterwagen
9		**Ungewollte Zugtrennung** und Verlust der Zugintegrität				
	9a	Ungewollte Zugtrennung durch undefiniertes Traktionsverhalten, zu hohe, ruckartige Zugkräfte	x	x		
	9b	Ungewollte Zugtrennung bzw. Überpufferung durch undefiniertes Bremsverhalten (betriebliches Überbremsen)	x	x	x	x
	9c	Ungewollte Zugtrennung durch sonstige Ursachen (z.B. mechanischer Schaden)	x	x	x	x
	9d	Ungewollte Zugtrennung durch automatisches Entkuppeln			x	
	9e	Übermittelte Fahrzeuglänge geringer als tatsächliche	x	x	x	x
	9f	Bei Zugtaufe ermittelte Zuglänge geringer als tatsächliche	x	x	x	x
	9g	Nichterkennung einer Veränderung der Zugzusammensetzung	x	x	x	x
10		**Aufenthaltsbedingungen im Fahrzeug nicht gewährleistet (Führerraum, Maschinenraum, Fahrgastraum)**				
	10a	Gefährdungen durch unzureichende Belüftung/ Klimatisierung	x	x	x	
	10b	Gefährdungen durch Luftdruckschwankungen (Druckstöße) im Fahrzeug		x	x	
	10c	Gefährdungen durch Innenraumgestaltung (z.B. Sturzgefahr, Verletzungsgefahr an scharfen Ecken und Kanten, Einklemmen, Scheibenbruch, heiße Teile)	x	x	x	
	10d	Gefährdungen durch zu hohen Schallpegel	x	x	x	x
	10e	Gefährdungen durch Beeinflussung von Implantaten				
	10f	Unzureichende Festigkeit des Wagenkasten und befestigter Strukturen	x	x	x	
	10g	Gefährdungen durch Lebensmittelvergiftung (z.B. Galley Speisewagen, Wasseraufbereitung)		x	x	
	10h	Sonstige Gefährdungen (z.B. toxische Stoffe, Ausdampfungen)	x	x	x	
	10j	Elektrische Berührungsspannung im Fahrbetrieb zu hoch	x	x	x	
	10k	Elektrische Berührungsspannung bei Wartung und Instandhaltung zu hoch	x	x	x	
	10l	Gefährdung von Insassen durch zu hohe Beschleunigungen während der Fahrt, (z.B. Rucke, im Innenraum herumfliegende Teile)	x	x	x	
11		**Gefährdungen von Personen außerhalb des Zuges / an der Strecke**				
	11a	Gefährdung durch Nichterkennen des Fahrzeugs (z.B. Spitzensignal, Typhon)	x	x	x	x
	11b	Gefährdung durch ungünstiges aerodynamisches Verhalten bei Vorbeifahrt (Bugwelle)	x	x	x	x
	11c	Gefährdung durch abgerissene Fahrzeugteile, Betriebsmittel	x	x	x	x
	11d	Unzureichend gesicherte Ladung				x
Hat ein externes Ereignis oder eine der genannten Gefährdungen zu einem Unfall geführt, sind folgende weitergehende Gefährdungspotentiale zu berücksichtigen :						
12		**Nichtbeherrschen von Notsituationen**				
	12a	Evakuierung von Personen im Notfall nicht möglich, Fluchtwege unzureichend (z.B. Tf-Fluchttür, Notausstiege)	x	x	x	
	12b	Unzureichende Crashfestigkeit	x	x	x	
	12c	Unzureichende Zugänglichkeit im Notfall (z.B. Türöffnung von außen)	x	x	x	
	12d	Unzureichende Verfügbarkeit von im Notfall erforderlichen Fahrzeugfunktionen (z. B. keine Traktion oder Traktion, Ausfall Notruffunktion, ungewollte Bremsung in kritischer Umgebung, Notbeleuchtung)	x	x	x	
	12e	Unzureichende Rettungsmittel	x	x	x	

Abbildung 35: Arbeitsblatt Systemgefährdungen Teil 2 (Vorschlag)

Anhang D – Berechnungen

D1) Erhöhung der Systemgeschwindigkeit durch Steigerung der Prozessablaufgeschwindigkeit

Transportart	Anteil Bahnverkehrsleistung	Anteil an der Bahnverkehrsleistung	Vsl. Anstieg der System- und Umlaufgeschwindigkeit	Anstieg der Transportleistungsfähigkeit der Bahn
	in [%]	in [Mrd. tkm]	in [%]	in [Mrd. tkm]
Einzelwagenladungsverkehr	26	21,7	40	30,4
Ganzzugverkehr	54	44,6	20	53,5
Kombinierter Verkehr	20	21,5	10	18,0
gesamt	100	16,4	**23,2**	101,9
Saldo				19,2

Tabelle 48: Erhöhung der Systemgeschwindigkeit nach [Sünderhauf2009][17]

---

[17] Eigene Darstellung nach [Sünderhauf2009]

Anhang

Transportart	Anteil Bahnverkehrsleistung[18]	Anteil an der Bahnverkehrsleistung[19]	Vsl. Anstieg der System- und Umlaufgeschwindigkeit[20]	Anstieg der Transportleistungsfähigkeit der Bahn
	in [%]	in [Mrd. tkm]	in [%]	in [Mrd. tkm]
Einzelwagenladungsverkehr	30	32,3	40	45,2
Ganzzugverkehr	50	53,8	20	64,6
Kombinierter Verkehr	20	21,5	10	23,7
gesamt	100	107,6	**24,0**	133,4
Saldo				25,8

Tabelle 49: Erhöhung der Systemgeschwindigkeit

Voraussichtlicher Anstieg der System- und Umlaufgeschwindigkeit in [%]						
Transportart	0 - 20	20 - 40	40 - 60	60 - 80	80 - 100	> 100
Einzelwagenladungsverkehr			40 - 100			
Ganzzugverkehr		20				
Kombinierter Verkehr	10					

Tabelle 50: Anstieg der System- und Umlaufgeschwindigkeit21

---

[18] Anteil Deutschland laut [BMVI2014], Stand 2009.
[19] Verkehrsleistung betrug 107,6 Mrd. tkm im Jahr 2010 [Statistisches Bundesamt2014].
[20] Expertenbefragung [Sünderhauf2009, siehe Tabelle 43].
[21] Eigene Darstellung nach einer Expertenbefragung [Sünderhauf2009]

Anhang

D2) Durchschnittliche Personalkosteneinsparung für Rangierer, Rangierlokführer, und weiteres Personal

- Zeitersparnis: 1,5 Mio. Stunden/Jahr [BMVBS2003] und [Martin2005].
- Jahresarbeitszeit: 37 Arbeitsstunden/Woche entsprechen 1920 Arbeitsstunden/Jahr[22]
- 1,5 Mio. Stunden/Jahr / 1.920 Arbeitsstunden/Jahr ergeben rund 800 Mitarbeiter
- Durchschnittlicher Monatsverdienst: 3.850 Euro brutto inkl. Zulagen
- 800 Mitarbeiter x 3.850 Euro brutto x 12 Monate = **37.000.000 Euro/Jahr**

B3) Rangierunfallrate

Unfallrate Rangieren nach [Bruckmann2014]			
Unfallschwere	Tote	Schwerverletzte	Leichtverletzte
Verteilung in [%]	1	32	67
Kupplungstyp	Rückgang in [%]	Rückgang in [%]	Rückgang in [%]
halbautomatische MPK ohne Leitungskupplung	90	55	44
halbautomatischen MPK mit Leitungskupplung	90	76	62
vollautomatischen MPK	90	76	62

Tabelle 51: Unfallrate Rangieren

---

[22] Nach http://www.lohn-info.de/zeitberechnungen.html

Anhang E – MPK+ Kurzbeschreibung

MPK+

Automatische Mittelpufferkupplung für hohe Anhängelasten mit pneumatischer und elektrischer Leitungsverbindung zur Energie- und Datenübertragung

Zusammenfassung:

Die MPK+ genannte Kupplung ist eine automatische Mittelpufferkupplung für hohe Anhängelasten mit pneumatischen und elektrischen Leitungsverbindungen zur Energie- und Datenübertragung sowie einer Einrichtung zur Erkennung des Kupplungszustandes.

Beschreibung:

Die MPK+ betrifft Eisenbahn- sowie andere Fahrzeuge, die eine Vorrichtung zur Verbindung untereinander besitzen und in der Lage ist sowohl Zug- als auch Druckkräfte von einem auf das andere Fahrzeug zu übertragen.

Eisenbahnfahrzeuge besitzen üblicherweise am vorderen und hinteren Ende zentrale Vorrichtungen, um miteinander mechanisch verbunden zu werden und Zugkräfte von einem auf das andere Fahrzeug übertragen zu können. Zusätzlich besitzen diese Eisenbahnfahrzeuge am Fahrzeug außen angebrachte Seitenpuffer, um Druckkräfte von einem auf das andere Fahrzeug übertragen zu können. In den meisten Fällen gehören zu dieser mechanischen Verbindung noch separat zu kuppelnde Verbindungen für Hauptluft- und Hauptluftbehälterleitung. In einigen Fällen wird zusätzlich eine elektrische Leitung mit einer speziellen Steckverbindung miteinander verbunden.

Diese Kupplungen und separaten Leitungen miteinander zu verbinden, ist aufwändig und kostet Zeit. Der Kuppelvorgang ist zudem mit Gefahren verbunden, da das Rangierpersonal zum Kuppeln und Entkuppeln zwischen die Seitenpuffer in den Berner Raum treten muss.

Die MPK+ setzt sich zum Ziel, diese Nachteile des bekannten Standes der Technik zu überwinden und eine Kupplungsverbindung zu schaffen, die einerseits den mechanischen Kupplungsvorgang automatisch durchführen kann, andererseits darüber hinaus auch alle weiteren nach dem aktuellen Stand der Technik benötigten Leitungsverbindungen, Hauptluftleitung (HL), Hauptluftbehälterleitung (HLB) sowie elektrische Leitungen zur Energie- und Datenübertragung automatisch zu kuppeln. Um die Zukunftssicherheit der technischen Lösung zu gewährleisten, wird eine weitere (zunächst ungenutzte) Verbindungsmöglichkeit vorgesehen, die künftig für andere (z.B. optische) Übertragungsmedien genutzt werden kann.

Der Entkuppelvorgang kann manuell und sowohl halbautomatisch als auch vollautomaisch durchgeführt werden. Um eine längere Migration zu ermöglichen, ist eine Kuppelfähigkeit mit der bisher verwendeten Standard-Schraubenkupplung implementiert.

Durch die Datenübertragung über die gekuppelten MPK+ kann ein geschlossener Zugverband gebildet (definiert) und dessen Integrität überwacht werden.

Die MPK+ überwacht ihren Kupplungszustand selbsttätig, ohne die Notwendigkeit einer eigenen internen Energieversorgung. Insbesondere wird signaltechnisch sicher überwacht, dass die hintere Kupplung des letzten Fahrzeugs innerhalb eines definierten Zugverbandes geöffnet ist.

Diese Ziele werden mit der MPK+ genannten Mittelpufferkupplung erreicht.

Die MPK+ basiert auf dem Klauenprinzip und stellt zwischen Fahrzeugen eine kraftschlüssige und formschlüssige Verbindung her, die sowohl Zug- als auch Druckkräfte überträgt. Zusätzlich werden die im Kupplungskopf integrierten Leitungen, wie Hauptluftleitung (HL), Hauptluftbehälterleitung (HLB), Zugsammelschiene und weitere elektrische Leitungen zur Energie- bzw. Datenübertragung, selbsttätig beim Kuppel- bzw. Entkuppelvorgang verbunden bzw. getrennt.

Gemäß einer bevorzugten Ausführungsform der MPK+, kann die Kupplungsverbindung sowohl vollautomatisch ferngesteuert entkuppelt werden, als auch manuell direkt am Fahrzeug, ohne den Berner Raum zu betreten.

Ansprüche:

1. Automatische Mittelpufferkupplung basiert auf dem Klauenkupplungsprinzip und ist für hohe Anhängelasten ausgelegt.
2. Im Kupplungskopf sind Leitungsverbindungen integriert.
3. Die Kupplung kuppelt vollautomatisch.
4. Eine Entkupplung ist manuell direkt am Fahrzeug (z.B. mittels einer Zugstange) möglich, im bevorzugten Fall vollautomatisch und ferngesteuert.
5. Die Kupplungsmechanik der Mittelpufferkupplung ist für mindestens 1000kN bzw. 2000kN Zug- bzw. Druckkräfte ausgelegt und benötigt keine Seitenpuffer.
6. Alle Verbindungen sind sowohl im gekuppelten als auch ungekuppelten Zustand robust gegen äußere Einflüsse (Wetter, Klima, mechanische Einwirkungen, elektrische Fremdbeeinflussung) ausgelegt.
7. Als Leitungsverbindungen sind in den Kupplungskopf Hauptluftleitung (HL), Hauptluftbehälterleitung (HLB), Zugsammelschiene und elektrische Leitungen zur Energie- und Datenübertragung integriert.
8. Die Datenübertragung erfolgt als leitungsgebunden mit einem seriellen Bus durch eine differenzielle Signalübertragung mit Ethernet.
9. Im Kupplungskopf ist eine weitere Leitungsverbindung unbelegt für künftige Erweiterungen vorbehalten.
10. Selbsttätige Überwachung des Kupplungszustandes ohne die Notwendigkeit einer eigenen internen Energieversorgung.

Anhang

Anhang F – Formblätter

Standardisierte Bewertung des Vorhabens

Umfassende Einführung der Mittelpufferkupplung

Auftraggeber: DB Netz AG

beabsichtigter Migrationsbeginn: 2020

Preisstand: 2006

Aufgestellt:
IEV
Institut für Eisenbahn- und Verkehrswesen der Universität

Datum: 31.03.2015

Abbildung 36: Deckblatt der Standardisierten Bewertung

Anhang

Blatt 1	Inhaltsverzeichnis	
Blatt	**Nutzen - Kosten - Analyse MPK+**	**Seite**
Blatt 1	Übersicht	
Blatt 2.1	Allgemeine Informationen über das Investitionsvorhaben	Seite 1
Blatt 2.2	Informationen zu Fahrzeugen und Kupplungen	Seite 2
Blatt 2.2	Investitionsaufwendungen für ortsfeste Infrastruktur	
Blatt 2.4	Spezifische(r) Kraftstoffverbrauch, Kraftstoffkosten, Primärenergieverbrauch, CO_2-Emissionen und Kosten für weitere Schadstoffemissionen von Straßengüterverkehr	
Blatt 2.5	Spezifische(r) Energieverbrauch, Energiekosten, Primärenergieverbrauch, CO_2-Emissionen und Kosten für sonstige Schadstoffemissionen von Schienengüterverkehr mit Elektrotraktion und Kosten für weitere Schadstoffemissionen	
Blatt 5.3	Zusammenfassung der Betriebsleistung Straßengüterverkehr und Schienengüterverkehr	
Blatt 12 m	Kapitaldienst (Abschreibung und Verzinsung) und Unterhaltungskosten für die ortsfeste Infrastruktur im Mitfall 1	Seite 1
Blatt 12 m	Kapitaldienst (Abschreibung und Verzinsung) und Unterhaltungskosten für die ortsfeste Infrastruktur im Mitfall 2	Seite 2
Blatt 12 o	Kapitaldienst (Abschreibung und Verzinsung) und Unterhaltungskosten für die ortsfeste Infrastruktur im Ohnefall (vermiedene Investitionen)	Seite 1
Blatt 12 o	Kapitaldienst (Abschreibung und Verzinsung) und Unterhaltungskosten für die ortsfeste Infrastruktur im Ohnefall 2 (vermiedene Investitionen)	Seite 2
Blatt 13 m	Kapitaldienst (Abschreibung und Verzinsung) und Unterhaltungskosten für die Kupplungen im Mitfall 1	Seite 1
Blatt 13 m	Kapitaldienst (Abschreibung und Verzinsung) und Unterhaltungskosten für die Kupplungen im Mitfall 2	Seite 2
Blatt 13 o	Kapitaldienst (Abschreibung und Verzinsung) und Unterhaltungskosten für die ortsfeste Infrastruktur im Ohnefall (vermiedene Investitionen)	Seite 1
Blatt 13 o	Kapitaldienst (Abschreibung und Verzinsung) und Unterhaltungskosten für die ortsfeste Infrastruktur im Ohnefall 2 (vermiedene Investitionen)	Seite 2
Blatt 15.1	Energiekosten und laufleistungsabhängige Unterhaltungskosten Straßengüterverkehr	
Blatt 15.2	Streckenbezogene Energiekosten und laufleistungsabhängige Unterhaltungskosten von Schienenfahrzeugen	
Blatt 16	Zusammenstellung Gesamtkosten Mitfall 1	Seite 1
Blatt 16	Zusammenstellung Gesamtkosten Mitfall 2	Seite 2
Blatt 17	Unfallschäden	
Blatt 18.1	Abgasemissionen (streckenbezogener Anteil)	
Blatt 21.1	Primärenergieverbrauch (streckenbezogener Anteil)	
Blatt E1	Nutzen - Kosten - Indikator Mitfall 1	Seite 1
Blatt E1	Nutzen - Kosten - Indikator Mitfall 2	Seite 2

Abbildung 37: Formblatt 1

Anhang

Blatt 2.1		Allgemeine Informationen über das Investitionsvorhaben						
1.	Bezeichnung des Untersuchungsgegenstandes	Umrüstung von Eisenbahnfahrzeugen auf MPK+						
2.	Fahrzeuge, bei denen das Vorhaben realisiert werden	Eisenbahnfahrzeuge (Lokomotiven und Wagen) in Deutschland						
3.	Untersuchungsgebiet	Eisenbahnstrecken in Deutschland						
4.	Migrationsszenarien			Migrationsdauer				
					Szenario 1		Szenario 2	
			Jahr	[Jahre]	von [Jahr]	bis [Jahr]	von [Jahr]	bis [Jahr]
			1)					
5.	Istzustand [Jahr]		2013					
			2)	3)	4)	5)		
6.1	Prognosezustand Szenario 1		2030	2	2020	2021		
			6)	7)			8)	9)
6.2	Prognosezustand Szenario 2		2030	8			2020	2027

Abbildung 38: Formblatt 2

Anhang

Blatt 2.2 Seite 1	Informationen zu Fahrzeugen und Kupplungen			
	DB AG	andere Fahrzeughalter	Summe Fahrzeuge	Summe Kupplungen
	Anzahl [Stück]	Anzahl [Stück]	Anzahl [Stück]	Anzahl [Stück]
	1)	2)	3)	4)
Güterwagen in Deutschland	92.000	88.000	180.000	360.000
Personenwagen in Deutschland	7.000	2.000	9.000	18.000
Lokomotiven Personenverkehr D	1.500	500	2.000	4.000
Lokomotiven Güterverkehr D	3.000	1.000	4.000	8.000
Summe Fahrzeuge [SGV]	95.000	89.000	184.000	368.000

5)	Fahrzeuge Nutzungsdauer	[Jahre]	20	
6)	Fahrzeug-Neubauten	[pro Jahr]	9.200	18.400
7)	Umrüstung Fahrzeuge Szenario 1	[insgesamt]	165.600	331.200
8)	Umrüstung Fahrzeuge Szenario 2	[insgesamt]	110.400	220.800

Kupplungstyp	Investitonen (Preisstand 2013)	Umrüstungskosten (Preisstand (2013)	Anschaffungs- (und Umrüstkosten) (Preisstand 2013)	
	€ [pro Stück]	€ [pro Stück]	€ pro Kupplung	
	9)	10)	11)	
Schraubenkupplung	700		1.700	
Seitenpuffer (Paar)	1.000			
MPK+	3.500	1.200	4.700	

Kupplungstyp	Investitonen (Preisstand 2006)	Umrüstungskosten (Preisstand (2006)	Anschaffungs- (und Umrüstkosten) (Preisstand 2006)	Preisindex Umrechnungsfaktor
	€ [pro Stück]	€ [pro Stück]	€ pro Kupplung	2006->2013
	12)	13)	14)	15)
Schraubenkupplung	617		1.498	0,881
Seitenpuffer (Paar)	881			
MPK+	3.084	1.057	4.141	

3) = 1) + 2)
4) = 3) x 2
5) ND 20 Jahre
6) = Summe 3) / 5)
7) = Summe 3) - Blatt 2 3) x 6)
8) = Summe 3) - Blatt 2 7) x 6)
9) Werte für Kupplungen Preisstand 2013
10) Werte für Kupplungen Preisstand 2013
11) Werte für Kupplungen Preisstand 2013
12) Werte für Kupplungen Preisstand 2006
13 Werte für Kupplungen Preisstand 2006
14) Werte für Kupplungen Preisstand 2006
15) gemäß Erzeugerpreisindex Maschinen

Abbildung 39: Formblatt 2.2, Seite 1

Anhang

Blatt 2.2 Seite 2	Investitionsaufwendungen für ortsfeste Infrastruktur						
Typ	Anzahl gesamt (D) 1) [Stück]	davon im Bahnhofs-bereich (D) 2) 75%	davon im Bahnhofs-bereich (D) 3) [Stück]	davon auf freier Strecke (D) 4) [Stück]	Preisstand zum Jahr der Kalkulation (Jahr 2013) 5) € pro [Stück]	Preisstand 2006 6) € pro [Stück]	
Gleisfreimelde-anlagen							
Gleisstromkreise	170.000		127.500	42.500	1.500	1.322	
Achszähler	83.000		62.250	20.750	2.000	1.763	

1) laut Expertenrunde 2.12.2015
2) laut Expertenrunde 2.12.2015
3) = 1) x 2)
4) = 1) * (1-2))
5) Investitionen Preisstand 2013
6) Investitionen Preisstand 2006

Abbildung 40: Formblatt 2.2, Seite 2

Anhang

Blatt 2.4 Spezifische(r) Kraftstoffverbrauch, Kraftstoffkosten, Primärenergieverbrauch, CO_2-Emissionen und Kosten für weitere Schadstoffemissionen von Straßengüterverkehr

Fahrzeugtyp	Spezifischer Kraftstoffverbrauch l Diesel/Fahrzeug-km 1)	Spezifische Kraftstoffkosten €/Fahrzeug-km 3)	Spezifischer Primärenergieverbrauch MJ/Fahrzeug-km 4)	Spezifische CO_2-Emissionen g/Fahrzeug-km 5)	Spezifische Kosten für sonstige Schadstoffemissionen Cent/Fahrzeug-km 6)
Straßengüterverkehr	0,3	0,276	11,52	906	3,3

7) Kraftstoffpreis (€/l Diesel): 0,92
9) CO_2-Emissionsfaktor (g/l Diesel): 3.020
8) Umrechnungsfaktor von Dieselkraftstoff in Primärenergieverbrauch in MJ/l Diesel: 38,4
10) Einheitskostensatz für sonstige Schadstoffemissionen in Cent/l Diesel: 11

2) = 0,3
3) = 2) x 7)
4) = 2) x 8)
5) = 2) x 9)
6) = 2) x 10)
7) siehe Standardisierte Bewertung Tabelle 1-5 in Anhang 1
8) siehe Standardisierte Bewertung Tabelle 1-5 in Anhang 1
9) siehe Standardisierte Bewertung Tabelle 1-5 in Anhang 1
10) siehe Standardisierte Bewertung Tabelle 1-5 in Anhang 1

Abbildung 41: Formblatt 2.4

Anhang

Fahrzeugtyp	Spezifischer Endenergieverbrauch Streckenbezogen kWh/Fahrzeug-km 2)	Spezifische Energiekosten Streckenbezogen €/Fahrzeug-km 3)	Spezifischer Primärenergieverbrauch Streckenbezogen MJ/Fahrzeug-km 4)	Spezifische CO_2-Emissionen Streckenbezogen g/Fahrzeug-km 5)	Spezifische Kosten für sonstige Schadstoffemissionen Streckenbezogen Cent/Fahrzeug-km 6)	
Blatt 2.5		Spezifische(r) Energieverbrauch, Energiekosten, Primärenergieverbrauch, CO_2-Emissionen und Kosten für sonstige Schadstoffemissionen von Schienengüterverkehr mit Elektrotraktion und Kosten für weitere Schadstoffemissionen				
Schienengüterverkehr 1)	0,1	0,008	1,04	62	0,03	
	Strompreis (€/kWh) 7)		0,08	Umrechnungsfaktor von elektrischer Endenergie in Primärenergieverbrauch in MJ/kWh 8)	10,4	8) siehe Standardisierte Bewertung Tabelle 1-5 in Anhang 1
	Emissionsfaktor für elektrische Energie (g/kWh) 9)		616	Einheitskostensatz für sonstige Schadstoffemissionen in Cent/kWh 10)	0,3	9) siehe Standardisierte Bewertung Tabelle 1-5 in Anhang 1 10) siehe Standardisierte Bewertung Tabelle 1-5 in Anhang 1

2) = 0,1
3) = 2) x 7)
4) = 2) x 8)

5) = 2) x 9)
6) = 2) x 10)
7) siehe Standardisierte Bewertung Tabelle 1-5 in Anhang 1

Abbildung 42: Formblatt 2.5

Blatt 5.3							
Zusammenfassung der Betriebsleistung Straßengüterverkehr und Schienengüterverkehr							
Jahr	Betriebsleistung 2010	Leistungserhöhung Schiene in [%]	Prognose Betriebsleistung 2030	Leistungserhöhung Schiene in [%]	Verlagerungseffekt		
					Jahr	2010	Jahr	2030
	in [Mio. tkm]	1)	in [Mio. tkm]	2)	in [Mio. tkm]	in [Mio. tkm]
		35		35		
Schienenverkehr	107.600	4)	153.700	6)	7)	8)
		37.660	5)	53.795	145.260	207.495
Straßenverkehr	437.300	9)	607.400		11)	12)
			10)		399.640	553.605
gesamt (Schiene + Straße)	544.900	13)	761.100		15)	16)
			14)		544.900	761.100
			2030 Ohnefall			2030 Mitfall

1) Eingabefeld
2) = 1)
3) laut Statistischem Bundesamt
4) = 3) x 1)
5) Prognose BMVI Stand 2014
6) = 5) x 2)
7) = 3) + 4)
8) = 5) + 6)
9) laut Statistischem Bundesamt
10) Prognose BMVI Stand 2014
11) = 9) - 4)
12) = 10) - 6)
13) = 3) + 9)
14) = 5) + 10)
15) = 7) + 11)
16) = 8) + 12)

Abbildung 43: Formblatt 5.3

Anhang

	1)	2)	3)	4)	5)	6)	7)		8)	
	Investitionen (Netto ohne MwSt.)	Endwert	abzu-schreibende Investitionen	Nutzungs-dauer	Annuitäts-faktor	Abschreibung und Verzinsung	Unterhaltung je Jahr			
Gegenstand							Satz	Kosten		
	T€	T€	T€	Jahre		T€/Jahr	%	T€/Jahr		
Infrastruktur-anpassung 1500m	2.000.000	0	2.000.000	70	0,0343	73.958	1,36	27.200		
Summe	**2.000.000**					**73.958**		**27.200**		
9)	Baubeginn (Jahr)	2016		Jahr der Inbetriebnahme		2022		13)		
11)	Bauzeit (in Jahren)		6		12)	mittlerer Aufzinsfaktor zur Berücksichtigung der Bauzeit		1,0781		

Blatt 12 m, Seite 1 — Kapitaldienst (Abschreibung und Verzinsung) und Unterhaltungskosten für die ortsfeste Infrastruktur im Mitfall 1

1) Eingabefeld
2) Endwert = 0
3) = Ziffer 4 - Ziffer 5
4) aus Blatt 4 Ziffer 6
5) aus Anhang Standardisierte Bewertung Tab. 3-2 in Anhang 1
6) = 3) x5) x 12) + 0,03 x 2) x 12)
7) Durchschnittswert
8) 1) x 7)
9): aus Blatt 2 Ziffer 3
10): aus Blatt 2 Ziffer 4
11): aus Blatt 2 Ziffer 2
12): aus Anhang Standardisierte Bewertung Tab. 3-3 in Anhang 1

Abbildung 44: Formblatt 12m, Seite 1

	1)	2)	3)	4)	5)	6)	7)	8)
Blatt 12 m / Seite 2						**Kapitaldienst (Abschreibung und Verzinsung) und Unterhaltungskosten für die ortsfeste Infrastruktur im Mitfall 2**		
Gegenstand	Investitionen (Netto ohne MwSt.)	Endwert	abzuschreibende Investitionen	Nutzungsdauer	Annuitätsfaktor	Abschreibung und Verzinsung	Unterhaltung je Jahr Satz	Unterhaltung je Jahr Kosten
	T€	T€	T€	Jahre		T€/Jahr	%	T€/Jahr
Infrstrukturanpassung 1500m	2.000.000	0	2.000.000	70	0,0343	73.958	1,36	27.200
Summe	**2.000.000**					**73.958**		**27.200**
9) Baubeginn (Jahr)		2022	10)	Jahr der Inbetriebnahme		2028		13)
11) Bauzeit (in Jahren)			6	12)	mittlerer Aufzinsfaktor zur Berücksichtigung der Bauzeit			1,0781

1) Eingabefeld
2) Endwert = 0
3) = Ziffer 4 - Ziffer 5
4) aus Blatt 4 Ziffer 6

5) aus Anhang Standardisierte Bewertung Tab. 3-2 in Anhang 1
6) = 3) x 5) x 12) + 0,03 x 2) x 12)
7) Durchschnittswert
8) 1) x 7)

9): aus Blatt 2 Ziffer 3
10): aus Blatt 2 Ziffer 4
11): aus Blatt 2 Ziffer 2
12): aus Anhang Standardisierte Bewertung Tab. 3-3 in Anhang 1

Abbildung 45: Formblatt 12m, Seite 2

Anhang

1)	2)	3)	4)	5)	6)	7)	8)	9)	10)	11)	12)		13)	
Anlageteil	Infrastruktur- bzw. Ausrüstungsgegenstand	Investitionssatz (Preisstand 2006)	Investitionen (Netto ohne MwSt.)	Endwert	abzuschreibende Investitionen	Nutzungsdauer	Annuitätsfaktor	Jahr des zeitlichen Anfalls	Diskontieru ngsfaktor	Abschreibu ng und Verzinsung	Unterhaltung je Jahr			
											Satz	Kosten		
	Stück	€ pro Stück	T€	T€	T€	Jahre		Jahr		T€/Jahr	%	T€/Jahr		
Gleisstromkr eise	42.500	1.322	56.185	0	56.185	25	0,0574	2022	0,7664	2.472	6,00	3.371		
Achszähler	20.750	1.763	36.582	0	36.582	25	0,0574	2022	0,7664	1.609	6,00	2.195		
Infrastrukturan passung Kapazitätserhö hung 750m			1.000.000	0	1.000.000	70	0,0343	2022	0,7664	26.288	1,36	13.600		
Summe			1.092.767		1.092.767					30.368		19.166		

Blatt 12 o Seite 1 — Kapitaldienst (Abschreibung und Verzinsung) und Unterhaltungskosten für die ortsfeste Infrastruktur im Ohnefall (vermiedene Investitionen)

14)
2) aus Blatt 2.2 Ziffer 2
3) aus Blatt 2.2 Ziffer 6)
4) (Ziffer 2 x Ziffer 3) / 1000
5) Endwert = 0
6) = Ziffer 4 - Ziffer 5
7) aus Anhang Standardisierte Bewertung Tab. 3-1 aus Anhang 1
bzw. Kupplungen aus Blatt 4 Ziffer 6

15)
8) aus Anhang Standardisierte Bewertung Tab. 3-2 in Anhang 1
9) aus 12m Seite 1 Ziffer 10)
10) aus Anhang Standardisierte Bewertung Tab. 3-4 in Anhang 1
11) Ziffer 6 x Ziffer 8 x Ziffer 10 + 0,03 x Ziffer 5 x Ziffer 10

16)

17)
12) aus Anhang Standardisierte Bewertung Tab. 3-1 in Anhang 1
13) = 4) x 12) x 10^{-2}

Abbildung 46: Formblatt 12o, Seite 1

Anhang

Blatt 12 o Seite 2	Kapitaldienst (Abschreibung und Verzinsung) und Unterhaltungskosten für die ortsfeste Infrastruktur im Ohnefall 2 (vermiedene Investitionen)											
1)	2)	3)	4)	5)	6)	7)	8)	9)	10)	11)	12)	13)
Anlageteil	Infrastruktur- bzw. Ausrüstungs- gegenstand	Investitions- satz (Pressitand 2006)	Investi- tionen (Netto ohne MwSt.)	Endwert	abzuschrei- bende Investitionen	Nutzungsda- uer	Annuitätsfa- ktor	Jahr des zeitlichen Anfalls	Diskontieru- ngsfaktor	Abschreibu- ng und Verzinsung	Unterhaltung je Jahr	Kosten
	Stück	€ pro Stück	T€	T€	T€	Jahre		Jahr		T€/Jahr	Satz %	T€/Jahr
Gleisstromkr eise	42.500	1.322	56.185	0	56.185	25	0,0574	2028	0,6419	2.070	6,00	3.371
Achszähler	20.750	1.763	36.582	0	36.582	25	0,0574	2028	0,6419	1.348	6,00	2.195
Infrastrukturan passung Kapazitätserhö hung 750m			1.000.000		1.000.000	70	0,0343	2028	0,6419	22.017	1,36	13.600
Summe			1.092.767		1.092.767					25.435		19.166
			14)		15)					16)		17)

2) aus Blatt 2.2 Ziffer 4)
3) aus Blatt 2.2 Ziffer 6)
4) (Ziffer 2 x Ziffer 3) / 1000 bzw. Kupplungen aus Blatt 4 Ziffer 6
5) Endwert = 0
6) = Ziffer 4 - Ziffer 5
7) aus Anhang Standardisierte Bewertung Tab. 3-1 in Anhang 1
8) aus Anhang Standardisierte Bewertung Tab. 3-2 in Anhang 1
9) aus 12m Seite 2 Ziffer 10)
10) aus Anhang Standardisierte Bewertung Tab. 3-4 in Anhang 1
11) Ziffer 6 x Ziffer 8 x Ziffer 10 + 0,03 x Ziffer 5 x Ziffer 10
12) aus Anhang Standardisierte Bewertung Tab. 3-1 in Anhang 1
13) = 4) x 12) x 10^{-2}

Abbildung 47: Formblatt 12o, Seite 2

Anhang

Blatt 13 m Seite 1	Kapitaldienst (Abschreibung und Verzinsung) und Unterhaltungskosten für die Kupplungen im Mitfall 1									
	1)	2)	3)	4)	5)	6)	7)	8)	9)	10)	11)
Gegenstand	Bedarf (Fahrzeuge)	Bedarf (Kupplungen)	Investitionssatz	Investitionen (Netto ohne MwSt.)	Endwert	abzuschreibende Investitionen	Nutzungsdauer	Annuitätsfaktor	Abschreibung und Verzinsung	Unterhaltung je Jahr Satz	Kosten
	Stück	Stück	€ pro Stück	T€	T€	T€	Jahre		T€/Jahr	%	T€/Jahr
Umrüstung MPK+ Altfahrzeuge	165.600	331.200	4.141	1.371.400	0	1.371.400	20	0,0672	93.540	5,00	16.560
Summe	165.600	331.200		1.371.400		1.371.400			93.540		16.560
12) Migrationsbeginn	2020		13)	Migrationsabschluss		2021			16)		17)
14) Migrationszeit in Jahren			2		15)	mittlerer Aufzinsfaktor zur Berücksichtigung der Migrationsdauer		1,015			

1) aus Blatt 2.2
2) aus Blatt 2.2
3) aus Blatt 2.2 Ziffer 14)
4) (Ziffer 2 x Ziffer 3) / 1000

5) Endwert = 0
6) = Ziffer 4 - Ziffer 5
7) Nutzungsdauer 20 Jahre
8) aus Anhang Standardisierte Bewertung Tab. 3-2 in Anhang 1

9) = Ziffer 6 x Ziffer 8 x Ziffer 13 + 0,03 x Ziffer 5 x Ziffer 13
10) = 5 %
11) 7) x 10)
12) aus Blatt 2.1 Ziffer 3
13) aus Blatt 2.1 Ziffer 4

14) aus Blatt 2 Ziffer 2
15) aus Anhang Standardisierte Bewertung Tab. 3-3 in Anhang 1

Abbildung 48: Formblatt 13m, Seite 1

Anhang

	1)	2)	3)	4)	5)	6)	7)	8)	9)	10)		11)
Blatt 13 m Seite 2				Kapitaldienst (Abschreibung und Verzinsung) und Unterhaltungskosten für die Kupplungen im Mitfall 2								
Gegenstand	Bedarf (Fahrzeuge)	Bedarf (Kupplungen)	Investitionssatz	Investitionen (Netto ohne MwSt.)	Endwert	abzuschreibende Investitionen	Nutzungsdauer	Annuitätsfaktor	Abschreibung und Verzinsung	Unterhaltung je Jahr		
	Stück	Stück	€ pro Stück	T€	T€	T€	Jahre		T€/Jahr	Satz	Kosten	T€/Jahr
Umrüstung MPK+ Altfahrzeuge	110.400	220.800	4.141	914.267	0	914.267	20	0,0672	68.289	%		
Summe	**110.400**	**220.800**		**914.267**		**914.267**			**68.289**	5,00		11.040
12) Migrationsbeginn	2020		13)	Migrationsabschluss		2027			16)			**11.040**
14) Migrationszeit in Jahren			8	15)		mittlerer Aufzinsfaktor zur Berücksichtigung der Migrationsdauer		1,1115				17)

1) aus Blatt 2.2
2) aus Blatt 2.2
3) aus Blatt 2.2 Ziffer 14)
4) (Ziffer 2 x Ziffer 3) / 1000
5) Endwert = 0
6) = Ziffer 4 - Ziffer 5
7) Nutzungsdauer 20 Jahre
8) aus Anhang Standardisierte Bewertung Tab. 3-2 in Anhang 1
9) = Ziffer 6 x Ziffer 8 x Ziffer 13 + 0,03 x Ziffer 5 x Ziffer 13
10) = 5 %
11) 2) x 10)
12) aus Blatt 2.1 Ziffer 8)
13) aus Blatt 2.1 Ziffer 9)
14) aus Blatt 2 Ziffer 2
15) aus Anhang Standardisierte Bewertung Tab. 3-3 in Anhang 1

Abbildung 49: Formblatt 13m, Seite 2

Anhang

Blatt 13 o Seite 1	Kapitaldienst (Abschreibung und Verzinsung) und Unterhaltungskosten für die ortsfeste Infrastruktur im Ohnefall (vermiedene Investitionen)											
1)	2)	3)	4)	5)	6)	7)	8)	9)	10)	11)	12)	13)
Anlageteil	Infrastruktur- bzw. Ausrüstungs- gegenstand	Investitions- satz	Investitionen (Netto ohne MwSt.)	Endwert	abzuschreib- ende Investitionen	Nutzungsda- uer	Annuitätsfa- ktor	Jahr des zeitlichen Anfalls	Diskontieru- ngsfaktor	Abschreibu- ng und Verzinsung	Unterhaltung je Jahr	
	Stück	€ pro Stück	T€	T€	T€	Jahre		Jahr		T€/Jahr	Satz %	Kosten T€/Jahr
Schraubenkupplu ngen mit Seitenpuffern für Neufahrzeuge	36.800	1.498	55.115	0	55.115	15	0,0838	2020	0,7441	3.437	6,00	3.307
MPK+ Neufahrzeuge	184.000	-3.084	-567.364	0	-567.364	20	0,0672	2020	0,7441	-28.370	6,00	-34.042
Summe			-512.249		-512.249					-24.933		-30.735

14)
5) Endwert = 0
6) = Ziffer 4 - Ziffer 5
7) aus Anhang Standardisierte Bewertung aus Tab. 3-1
 aus Anhang 1 bzw. Kupplungen aus Blatt 2.2 Ziffer 5
15)
16)
17)

2) aus Blatt 2.2
3) aus Blatt 2.2
4) (Ziffer 2 x Ziffer 3) / 1000

8) aus Anhang Standardisierte Bewertung Tab. 3-2 in Anhang 1
10) aus Anhang Standardisierte Bewertung Tab. 3-4 in Anhang 1
11) Ziffer 6 x Ziffer 8 x Ziffer 10 + 0,03 x Ziffer 5 x Ziffer 10

Abbildung 50: Formblatt 13o, Seite 1

Blatt 13 o Seite 2	Kapitaldienst (Abschreibung und Verzinsung) und Unterhaltungskosten für die ortsfeste Infrastruktur im Ohnefall 2 (vermiedene Investitionen)											
1)	2)	3)	4)	5)	6)	7)	8)	9)	10	11	12)	13)
Gegenstand	Infratstruktur- bzw. Ausrüstungs- gegenstand	Investitions- satz	Investitionen (Netto ohne MwSt.)	Endwert	abzuschreib- ende Investitionen	Nutzungsda- uer	Annuitätsfa- ktor	Jahr des zeitlichen Anfalls	Diskontieru ngsfaktor	Abschreibu ng und Verzinsung	Unterhaltung je Jahr	
											Satz	Kosten
	Stück	€ pro Stück	T€	T€	T€	Jahre		Jahr		T€/Jahr	%	T€/Jahr
Erneuerung Schraubenkupplu ngen mit Seitenpuffern	147.200	1.498	220.461	0	220.461	15	0,0838	2020	0,7441	13.747	6,00	13.228
MPK+ Neufahrzeuge	184.000	-3.084	-567.364	0	-567.364	20	0,0672	2020	0,7441	-28.370	6,00	-34.042
Summe			-346.903		-346.903					**-14.623**		**-20.814**
			14)		15)					16)		17)

2) aus Blatt 2.2
3) aus Blatt 2.2
4) (Ziffer 2 x Ziffer 3) / 1000

5) Endwert = 0
6) = Ziffer 4 - Ziffer 5
7) aus Anhang Standardisierte Bewertung Tab. 3-1
aus Anhang 1 bzw. Kupplungen aus Blatt 2.2 Ziffer 5)

8) aus Anhang Standardisierte Bewertung Tab. 3-2 in Anhang 1
10) aus Anhang Standardisierte Bewertung Tab. 3-4 in Anhang 1
11) Ziffer 6 x Ziffer 8 x Ziffer 10 + 0,03 x Ziffer 5 x Ziffer 10

Abbildung 51: Formblatt 13o, Seite 2

Anhang

Blatt 15.1

Energiekosten und laufleistungsabhängige Unterhaltungskosten Straßengüterverkehr

Fahrzeugtyp und ggf. Zuggröße	Spezifische Unterhaltungskosten	Spezifische Kraftstoffkosten	Betriebsleistungen		laufleistungsabhängige Unterhaltungskosten		Energiekosten	
			Mitfall	Ohnefall	Mitfall	Ohnefall	Mitfall	Ohnefall
	€/LKW-km	€/LKW-km	1.000 LKW-km/a	1.000 LKW-km/a	T€/Jahr	T€/Jahr	T€/Jahr	T€/Jahr
1)	2)	3)	4)	5)	6)	7)	8)	9)
Straßengüterverkehr	0,22	0,34	553.605	607.400	121.793	133.628	188.226	206.516
Summe					121.793	133.628	188.226	206.516
					10)	11)	12)	13)

1) Eingabefeld
2) = 0,22
3) = 0,34

4) aus Blatt 5.3 Ziffer 12
5) aus Blatt 5.3 Ziffer 10

6) = 2) x 4)
7) = 2) x 5)

8) = 3) x 4)
9) = 3) x 5)

10) = Summe 6)
11) = Summe 7)

12) = Summe 8)
13) = Summe 9)

Abbildung 52: Formblatt 15.1

Blatt 15.2	Streckenbezogene Energiekosten und laufleistungsabhängige Unterhaltungskosten von Schienenfahrzeugen									
Fahrzeugtyp und ggf. Zuggröße	Spezifische Unterhaltungskosten	Spezifische Energiekosten	Betriebsleistungen		laufleistungsabhängige Unterhaltungskosten		Energiekosten			
			Mitfall	Ohnefall	Mitfall	Ohnefall	Mitfall	Ohnefall		
	€/Zug-km	€/Zug-km	1.000 Zug-km/a	1.000 Zug-km/a	T€/Jahr	T€/Jahr	T€/Jahr	T€/Jahr		
1)	2)	3)	4)	5)	6)	7)	8)	9)		
Schienengüterverkehr	2,00	0,008	553.605	607.400	1.107.210	1.214.800	4.429	4.859		
Summe					**1.107.210**	**1.214.800**	**4.429**	**4.859**	12) = Summe 8)	13) = Summe 9)
					10)	11)	12)	13)	10) = Summe 6)	11) = Summe 7)

1) Eingabefeld
2) = 2,00
3) aus Blatt 2.5 3)
4) aus Blatt 5.3 Ziffer 12)
5) aus Blatt 5.3 Ziffer 10)
6) = 2) x 4)
7) = 2) x 5)
8) = 3) x 4)
9) = 3) x 5)

Abbildung 53: Formblatt 15.2

Anhang

Blatt 16

Seite 1

Zusammenstellung Gesamtkosten Mitfall 1

	1) Mitfall T€/Jahr	2) Ohnefall T€/Jahr	3) Saldo Mitfall - Ohnefall T€/Jahr
Unterhaltungskosten für die ortsfeste Infrastruktur im Mitfall 1	4) 27.200		4) 8.034
Unterhaltungskosten für die Kupplungen im Mitfall 1	6) 16.560		6) 47.295
Kosten für Personal	8) -37.000		8) -37.000
laufleistungsabhängige Unterhaltungskosten Straßengüterverkehr	10) 121.793	5) 19.166	10) -11.835
Energiekosten Straßengüterverkehr	12) 188.226	7) -30.735	12) -18.290
laufleistungsabhängige Unterhaltungskosten Schienengüterverkehr	14) 1.107.210	9) 0	14) -107.590
Streckenbezogene Energiekosten von Schienenfahrzeugen	16) 4.429	11) 133.628	16) -430
Gesamtkosten ohne Kapitaldienst für die ortsfeste Infrastruktur	18) 1.428.418	13) 206.516	-119.817
		15) 1.214.800	20)
		17) 4.859	
		19) 1.548.234	

10) aus Blatt 15.1 Ziffer 10)
11) aus Blatt 15.1 Ziffer 11)
12) aus Blatt 15.1 Ziffer 12)
13) aus Blatt 15.1 Ziffer 13)
14) aus Blatt 15.2 Ziffer 10)
15) aus Blatt 15.2 Ziffer 11)
16) aus Blatt 15.2 Ziffer 12)

17) aus Blatt 15.2 Ziffer 13)
18) Summe
19) Summe
20) Summe

4) aus Blatt 12m Seite 1 Ziffer 13)
5) aus Blatt 12o Seite 1 Ziffer 13)
6) aus Blatt 13m Seite 1 Ziffer 17)
7) aus Blatt 13o Seite 1 Ziffer 17)
8) -37 Mio. € im Mitfall
9) siehe 8)

Abbildung 54: Formblatt 16, Seite 1

Anhang

Blatt 16 Seite 2	Zusammenstellung Gesamtkosten Mitfall 2		1) Mitfall T€/Jahr		2) Ohnefall T€/Jahr	3) Saldo Mitfall - Ohnefall T€/Jahr	
Unterhaltungskosten für die ortsfeste Infrastruktur im Mitfall 2		4)	27.200	5)	19.166	8.034	
Unterhaltungskosten für die Kupplungen im Mitfall 2		6)	16.560	7)	-30.735	47.295	
Kosten für Personal		8)	-37.000	9)	0	-37.000	
laufleistungsabhängige Unterhaltungskosten Straßengüterverkehr		10)	121.793	11)	133.628	-11.835	
Energiekosten Straßengüterverkehr		12)	188.226	13)	206.516	-18.290	
laufleistungsabhängige Unterhaltungskosten Schienengüterverkehr		14)	1.107.210	15)	1.214.800	-107.590	
Streckenbezogene Energiekosten von Schienenfahrzeugen		16)	4.429	17)	4.859	-430	
Gesamtkosten ohne Kapitaldienst für die ortsfeste Infrastruktur		18)	1.428.418	19)	1.548.234	**-119.817**	

4) aus Blatt 12m Seite 2 Ziffer 13)
5) aus Blatt 12o Seite 2 Ziffer 13)
6) aus Blatt 13m Seite 2 Ziffer 17)
7) aus Blatt 13o Seite 2 Ziffer 17)
8) -37 Mio. € im Mitfall
9) siehe 8)
10) aus Blatt 15.1 Ziffer 10)
11) aus Blatt 15.1 Ziffer 11)
12) aus Blatt 15.1 Ziffer 12)
13) aus Blatt 15.1 Ziffer 13)
14) aus Blatt 15.2 Ziffer 10)
15) aus Blatt 15.2 Ziffer 11)
16) aus Blatt 15.2 Ziffer 12)
17) aus Blatt 15.2 Ziffer 13)
18) Summe
19) Summe
20) Summe

Abbildung 55: Formblatt 16, Seite 1

Anhang

Blatt 17

Unfallschäden

Fahrzeugtyp und Einsatzraum	Unfallraten			Sachschaden-kostenrate	Saldo der Fahrzeug-km	Saldo der Schadensfälle je Jahr			Saldo der Sachschaden-kosten je Jahr	
	Tote	Schwerverletzte	Leichtverletzte			Tote	Schwerverletzte	Leichtverletzte		
1)	Anzahl je Mio. Fahrzeug-km			TE/Mio. Fzg-km	1.000 Fzg-km/Jahr	Anzahl je Jahr			TE/Jahr	
	2)	3)	4)	5)	6)	7)	8)	9)	10)	
Straßengüterverkehr	0,033	0,243	1,072	18,96	-53.795	-1,775	-13,072	-57,668	-1.020	
	11)	12)	13)	14)	15)					
Schienenfahrzeuge auf unabhängigem Bahnkörper	0,045	0,039	0,192	1,20	53.795	2,421	2,098	10,329	65	
Rangierunfälle	0,001	0,002	0,018	0,288	-207.495	-0,233	-0,486	-3,785	-60	
Summe						**0,412**	**-11,460**	**-51,124**	**-1.015**	
Anteil Rangier-unfälle in %	25	20)	62			16)	17)	18)	19)	
Unfallrate Rangieren in %	90		76		21)				20) 25%	21) 90%, 76%, 62%,76%

2) lt. Ergänzung zur Standardisierter Bewertung Tabelle 3 - 9 in Anhang 1	7) 6) x 2) / 1000
3) lt. Ergänzung zur Standardisierter Bewertung Tabelle 3 - 9 in Anhang 1	8) 6) x 3) / 1000
4) lt. Ergänzung zur Standardisierter Bewertung Tabelle 3 - 9 in Anhang 1	9) 6) x 4) / 1000
5) lt. Ergänzung zur Standardisierter Bewertung Tabelle 3 - 9 in Anhang 1	10) 6) x 5) / 1000
6) Blatt 5.3 16) - Blatt 5.3 10)	11) lt. Standardisierter Bewertung Tabelle 3 - 9 in Anhang 1
12) lt. Standardisierter Bewertung Tabelle 3 - 9 in Anhang 1	
13) lt. Standardisierter Bewertung Tabelle 3 - 9 in Anhang 1	
14) lt. Standardisierter Bewertung Tabelle 3 - 9 in Anhang 1	
15) Blatt 5.3 8) - Blatt 5.3 5)	

Abbildung 56: Formblatt 17

Blatt 18.1 Seite	Abgasemissionen (streckenbezogener Anteil)					
Fahrzeugtyp	Saldo der Betriebsleistungen	Spezifische CO_2 Emissionen	Spezifische Kosten für sonstige Schadstoffe	Saldo der CO_2 Emissionen	Emissionskosten für sonstige Schadstoffe	
	1.000 Fzg-km/Jahr	g/Fahrzeug-km	Cent/Fahrzeug-km	t/Jahr	T€/Jahr	
1)	2)	3)	4)	5)	6)	
Schienengüterverkehr	53.795	62	0,030	3.314	16	
Straßengüterverkehr	-53.795	906	3,300	-48.738	-1.775	
	7)	8)	9)			
Zwischensumme streckenbezogener Anteil				-45.424	-1.759	
				10)	11)	

1) Eingabefeld
2) = Blatt 5.3 8) - Blatt 5.3 5)
3) aus Blatt 2.5 5)
4) aus Blatt 2.5 6)
5) = 2) * 3) / 1000
6) = 2) * 4) / 1000
7) = Blatt 5.3 12) - Blatt 5.3 10)
8) aus Blatt 2.4 5)
9) aus Blatt 2.4 6)

Abbildung 57: Formblatt 18.1

Anhang

Blatt 21.1 Seite	Primärenergieverbrauch (streckenbezogener Anteil)			
Fahrzeugtyp und ggf. Zuggröße	Saldo der Betriebsleistungen 1.000 Fzg-km/Jahr	Spezifischer Primärenergieverbrauch MJ/Fahrzeug-km	Primärenergieverbrauch GJ/Jahr	
1)	2)	3)	4)	
Schienengüterverkehr	53.795	1,040	55.947	
Straßengüterverkehr	-53.795	11,520	-619.718	
	5)	6)		
Zwischensumme streckenbezogener Anteil			-563.772	
			7)	

1) Eingabefeld
2) = Blatt 5.3 8) - Blatt 5.3 5)
3) = Blatt 2.5 4)
4) = 2) x 3) bzw. 5) x 6)
5) = Blatt 5.3 12) - Blatt 5.3 10)
6) = Blatt 2.4 4)

Abbildung 58: Formblatt 21.1

Anhang

Blatt E1	Szenario 1		Nutzen - Kosten - Indikator Mitfall 1			
Seite 1	Migrationsdauer 2 Jahre					
Bereich	Indikator	aus Blatt	Dimension der originären Größe	Wert in der originären Größe	Einheitswert	Monetär bewerteter Nutzen in [T € pro Jahr]
1 EIU	Kapitaldienst für Infrastruktur im Ohnefall (vermiedene Investitionen)	12 o (1)	T€ / Jahr	30.368,48	1	30.368
2 EVU	Kapitaldienst für Kupplungen im Ohnefall (vermiedene Investitionen)	12 o (1)	T€ / Jahr	-24.933,45	1	-24.933
3	Saldo der Gesamtkosten ohne Kapitaldienst für ortsfeste Infrastruktur	16 (1)				
EIU	Unterhaltungskosten Infrastruktur		T€ / Jahr	8.034	-1	-8.034
EVU	Unterhaltungskosten Kupplungen		T€ / Jahr	47.295	-1	-47.295
EVU	Kosten für Personal		T€ / Jahr	-37.000	-1	37.000
VW	Energiekosten		T€ / Jahr	-138.146	-1	138.146
4 VW	Saldo der Unfallschäden	17				
	Anzahl Tote		Personen/Jahr	0,41	-1.210	T €/Jahr	-499
	Anzahl Schwerverletzte		Personen/Jahr	-11	-87,5	T €/Jahr	1.003
	Anzahl Leichtverletzte		Personen/Jahr	-51	-3,9	T €/Jahr	199
	Sachschadenskosten		T€ / Jahr	-1.015	-1	T €/Jahr	1.015
5 VW	Saldo der CO_2-Emissionen	18.1	t / Jahr	-45.424	-231	€/t	10.493
6 VW	Saldo der Emissionskosten für sonstige Schadstoffe	18.1	€ / Jahr	-1.759	-1	1.759
	Nutzen in [T €/Jahr]					139.222
	Kapitaldienst für die MPK+ im Mitfall = Kosten in [€/Jahr]					93.540
	Differenz der Kosten und Nutzen in [T €/Jahr]					45.682
	Kosten-Nutzen-Verhältnis					1,49

Abbildung 59: Formblatt E1, Seite 1

Blatt E1 Seite 2	Szenario 2 Migrationsdauer 8 Jahre		Nutzen - Kosten - Indikator Mitfall 2				
Bereich	Indikator	aus Blatt	Dimension der originären Größe	Wert in der originären Größe	Einheitswert		Monetär bewerteter Nutzen in [T € pro Jahr]
1 EIU	Kapitaldienst für Infrastruktur im Ohnefall (vermiedene Investitionen)	12 o (2)	€ / Jahr	25.435	1		25.435
2 EVU	Kapitaldienst für Kupplungen im Ohnefall (vermiedene Investitionen)	12 o (2)	T€ / Jahr	-14.623	1		-14.623
3	Saldo der Gesamtkosten ohne Kapitaldienst für ortsfeste Infrastruktur	16 (2)					
EIU	Unterhaltungskosten Infrastruktur		T€ / Jahr	8.034	-1		-8.034
EVU	Unterhaltungskosten Kupplungen		T€ / Jahr	47.295	-1		-47.295
EVU	Kosten für Personal		T€ / Jahr	-37.000	-1		37.000
VW	Energiekosten		T€ / Jahr	-138.146	-1		138.146
4 VW	Saldo der Unfallschäden	17					
	Anzahl Tote		Personen/Jahr	0,41	-1.210	T €/Jahr	-499
	Anzahl Schwerverletzte		Personen/Jahr	-11	-87,5	T €/Jahr	1.003
	Anzahl Leichtverletzte		Personen/Jahr	-51	-3,9	T €/Jahr	199
	Sachschadenskosten		T€ / Jahr	-1.015	-1	T €/Jahr	1.015
5 VW	Saldo der CO$_2$-Emissionen	18.1	t / Jahr	-45.424	-231	€/t	10.493
6 VW	Saldo der Emissionskosten für sonstige Schadstoffe	18.1	€ / Jahr	-1.759	-1		1.759
	Nutzen in [T €/Jahr]						144.599
	Kapitaldienst für die MPK+ im Mitfall = Kosten in [€/Jahr]						68.289
	Differenz der Kosten und Nutzen in [T €/Jahr]						76.310
	Kosten-Nutzen-Verhältnis						2,12

Abbildung 60: Formblatt E1, Seite 2